Prüfverfahren zur Ermittlung von Höchstleistungen in Kugel- und Rohrmühlen

Von

Carl Mittag
Köln-Sülz

Mit 8 Abbildungen, 3 Formblättern und 2 Zahlentafeln

Springer-Verlag Berlin Heidelberg GmbH
1954

Ursprünglich erschienen bei Springer-Verlag OHG., Berlin/Göttingen/Heidelberg 1954

ISBN 978-3-662-23141-8 ISBN 978-3-662-25125-6 (eBook)
DOI 10.1007/978-3-662-25125-6

Vorwort.

Im Schrifttum der letzten Jahre zeigt sich auffallend das Bestreben, die zahlreichen im Betrieb befindlichen Kugel- und Rohrmühlen auf höhere spezifische Leistungen und vorteilhaftere Mahlmethoden zu bringen. Diese Aufgabenstellung erscheint mir auch beachtlich. Ich habe selbst in meiner langjährigen Praxis nur zu oft feststellen müssen, daß die richtige Betreuung dieser Anlagen oft zu wünschen übrigließ und daß auch bei der Lieferung von Neuanlagen oftmals ein völlig unberechtigter Wettbewerbsstreit über die zu erwartenden Leistungen der Maschinen durchgekämpft werden mußte. Alle diese Umstände veranlaßten mich zu dieser Arbeit über ein geeignetes Prüfverfahren zur wirtschaftlichen Gestaltung der Kugel- und Rohrmühlen.

Es unterliegt keinem Zweifel, daß die Grundlagenforschung in der Zerkleinerungstheorie seit der Begründung des VDI-Fachausschusses „Hartzerkleinerung" durch Professor A. Smekal im Laufe der vergangenen 20 Jahre und besonders auch gerade in den Nachkriegsjahren eine wesentliche Entwicklung erfahren hat. Die mehrfach angeregten Prüfmethoden zur Feststellung der Brech- und Mahlarbeit der zu zerkleinernden Stoffe, seien sie chemischer, elektronischer oder mechanischer Art, schaffen zweifellos Vergleichswerte zur allgemeinen Beurteilung der für die Zerkleinerung aufzuwendenden Energien. Einen Weg aber, wie wir die ungeheuren Energieverluste, mit denen besonders die Feinmahlung belastet ist, einschränken können, haben sie uns nicht gezeigt.

Es liegt mir völlig fern, hier irgendwie in die Grundlagenforschung eingreifen zu wollen. Im Gegenteil, ich bin der Ansicht, daß wir durch die Forschungsarbeiten im Laufe der Zeit noch zu gänzlich neuartigen Zerkleinerungsmethoden kommen werden. Das kann allerdings noch lange Zeit dauern. Noch rollen Abertausende von Mahlkugeln in unseren Kugel- und Rohrmühlen, den größten Energieverschleuderern unserer Zeit, unaufhörlich wie seit 50 Jahren und vollziehen ständig ein kollektives Spiel mit dem Mahlgut. Die einen zerreiben, die andern zerreißen, andere wieder zerspalten oder zerdrücken die Mahlgutteile oder sie vernichten zwecklos gegenseitig die ihnen mitgeteilte kinetische Energie. Hier tut es not, diesen Arbeitsvorgang in geordnetere Bahnen zu lenken. Diese Aufgabe kann aber nur dem zufallen, dem der Betrieb derartiger Maschinen anvertraut ist, dem Betriebsleiter. Professor H. KÜHL sagt am Schluß seiner in der Tonind.-Ztg. Heft 3/4 und 5/6 1949 veröffentlichten Arbeit über Zerkleinerungsprobleme in der Zementindustrie ganz richtig, daß unsere Betriebsleiter die größte Aufmerksamkeit auf die beste Ausnutzung der vorhandenen Mahlmaschinen zu richten haben, *damit sich zu der unvermeidbaren Energievergeudung nicht auch noch ein vermeidbarer Verlust hinzugesellt.*

So ist es der primäre Zweck dieser Arbeit, zu zeigen, in welcher Weise wir der Lösung dieser Aufgabe näherkommen. Darüber hinaus soll aber auch die Möglichkeit geschaffen werden, bei der Errichtung von Neuanlagen die spezifischen Leistungen, besonders der Mahlmaschinen, im voraus zu bestimmen.

Mögen daher diese im praktischen Betrieb gewonnenen und in dieser Broschüre niedergelegten Erfahrungen allen denen, die es angeht, ein Wegweiser zur wirtschaftlicheren Gestaltung ihrer Betriebe sein und mögen sie auch weiterhin dazu beitragen, das gegenseitige Vertrauen zwischen Besteller und Lieferer zu stärken.

Köln, im August 1954.

Carl Mittag.

Inhaltsverzeichnis.

Einleitung.

Die Hartzerkleinerung hat in den letzten Jahrzehnten auf den verschiedenen Gebieten der Verfahrenstechnik außerordentlich an Bedeutung gewonnen, und zwar nicht nur in bezug auf die mengenmäßige Herstellung zerkleinerter Stoffe, sondern auch in bezug auf ihre Kornzusammensetzung, ihre Kornform und einen weitgehenden Zerkleinerungsgrad. Dementsprechend haben auch die Zerkleinerungsmaschinen und besonders die Mahlmaschinen immer größere Abmessungen erreicht. Kennzeichnend hierfür ist die Entwicklung der Rohrmühle, der heute gebräuchlichsten Feinmahlmaschine, die in ihren Abmessungen bereits zu einem Leistungsbedarf von 1200 kW geführt hat.

Die Erfahrungen der Praxis haben gezeigt, daß die Erreichung der günstigsten Leistung bei Rohrmühlen und Mehrkammer-Rohrmühlen wesentlich von der richtigen Abmessung der Mahltrommel und der richtigen Einteilung der Kammerlängen abhängt. Darüber hinaus aber wird die spezifische Leistung der Mühlen in hohem Maße durch die Art und Menge der den Mahlprozeß bewirkenden Mahlorgane, Mahlkugeln, Mahlstäbe, Cylpebs u. dgl. beeinflußt. Um die günstigsten Bedingungen für den praktischen Betrieb zu ermitteln, ist eine entsprechende Prüfmethode erforderlich.

Hierbei gewinnt die Anwendung des Begriffes „spezifischer Mahlwiderstand" eine besondere Bedeutung. Er vermittelt einen klaren Überblick über die Zunahme des Widerstandes, den das Mahlgut bei fortschreitender Verfeinerung den Mahlorganen entgegensetzt. Der Ausdruck „spezifischer Mahlwiderstand" wurde vom Verfasser dieser Arbeit bereits im Jahre 1925 geprägt [*3*]. Mag die damalige Zeit für die Nutzanwendung dieses Begriffes noch nicht reif gewesen sein, so ist er dennoch nicht aus der Zerkleinerungstechnik verschwunden. Offenbar fehlte aber das Verständnis für den eigentlichen Sinn dieses Ausdrucks.

Es sei nun besonders darauf hingewiesen, daß die Durchführung von Materialprüfungen und die Übertragung der Prüfergebnisse auf die

Arbeitsmaschinen der Praxis nur auf Prüfapparaten erfolgen darf, die im Prinzip dieselbe Zerkleinerungsarbeit verrichten wie die im Betrieb befindlichen Maschinen. In besonderem Maße trifft dies für die Prüfung von Materialien zu, die auf Kugel- und Rohrmühlen vermahlen werden sollen. In der vorliegenden Arbeit wird deshalb für diesen Zweck als einzig brauchbarer Prüfapparat die Labor-Trommelmühle gewählt, deren Arbeitsweise, wie noch nachfolgend gezeigt werden wird, vollkommen dem Arbeitsgang der im Betrieb befindlichen Maschinen entspricht. Neuartig ist hierbei, daß der Arbeitsbedarf der Labor-Trommelmühle nicht durch die Energieaufnahme des Antriebsmotors gemessen, sondern aus dem an der Mahltrommel entstehenden Drehmoment errechnet wird. Hierdurch wird die mechanische oder maschinelle Verlustarbeit ausgeschaltet und nur der Arbeitsbedarf der tatsächlichen Mahlarbeit bestimmt.

Die zahlreichen wissenschaftlichen Untersuchungen der Zerkleinerungsvorgänge haben gezeigt, daß die Zerkleinerungsmaschinen heutiger Bauart 99% Verlustarbeit gegenüber der reinen physikalischen Zerreißarbeit aufbringen müssen, um die eigentliche Zerkleinerung der Stoffe zu bewirken. Diese erschreckende Tatsache dürfte genügen, um jeden verantwortlichen Fachmann zu veranlassen, diese ungeheuren Energieverluste nach Möglichkeit einzuschränken. Um diese Arbeit in Angriff nehmen zu können, ist es zunächst erforderlich, sich über die Ursachen der Verlustarbeit Klarheit zu verschaffen. Der Verfasser dieser Broschüre hat dieses Thema in einem Aufsatz „Wo bleibt die Verlustarbeit bei der maschinellen Zerkleinerung?“ [*11*] eingehend behandelt. Aus einem Anschauungsbeispiel in diesem Aufsatz über die Verlustarbeit in einer Rohrmühle geht hervor, daß von dem Leistungsbedarf einer Verbund-Rohrmühle von 450 kW bereits 408 kW als Leistungsverlust durch Wärmeerzeugung beim Mahlprozeß verlorengehen. Hiervon kann bestimmt bei sehr vielen in Betrieb befindlichen Rohrmühlen ein angemessener Betrag eingespart werden.

Im Herbst 1924 wurden auf einer Verbund-Rohrmühle von 1800 mm Durchmesser und 12 m Länge 16 Mahlversuche durchgeführt, und zwar mit verschiedenen Kammereinteilungen, verschiedenen Mahlkörperarten und -größen und verschiedenen Füllungsgraden der einzelnen Kammern. Diese Untersuchungen nahmen $3^1/_2$ Monate Zeit in Anspruch, da die Mühle nach vorgenommener Änderung stets einige Tage laufen mußte, um den Beharrungszustand zu erreichen. Gemahlen wurden Hüttenzement- und Portlandzement-Klinker. Das Ergebnis dieser Versuche zeigte Unterschiede in der spezifischen Mahlleistung der Mühle bis zu 30%, obwohl die für jeden Versuch hergerichtete Mühle als eine normale Lieferung irgendeiner Maschinenfabrik hätte gelten können. Diese zeitraubenden und kostspieligen Versuche hätten in viel einfacherer Weise nach dem in dieser Broschüre behandelten Prüfverfahren durchgeführt werden können.

Hier erhebt sich nun die Frage, ob die auf einer Labor-Trommelmühle durchgeführten Prüfversuche ohne weiteres auf die großen in Betrieb befindlichen Kugel- und Rohrmühlen übertragen werden können. In dem Buch „Die Hartzerkleinerung" S. 135—138 [*27*] wird an einem Beispiel eindeutig nachgewiesen, daß der Arbeitsvorgang wie auch der spezifische Leistungsbedarf in einer kontinuierlich arbeitenden Rohrmühle genau der gleiche ist wie in einer diskontinuierlich arbeitenden Trommelmühle von gleichem Durchmesser. Auch die sich ergebende Körnungslinie ist in beiden Fällen die gleiche. Darüber hinaus sind vom Verfasser dieser Broschüre zahlreiche Mahlversuche auf kleineren Labor-Trommelmühlen durchgeführt worden, um hiernach die zu erwartenden Leistungen der großen kontinuierlich arbeitenden Mühlen zu bestimmen. Die Ergebnisse waren durchweg befriedigend, obwohl die Labor-Trommelmühle meistens durch Riemen von einer Transmission angetrieben wurde und der Leistungsbedarf der reinen Mahlarbeit nach Durchmesser und Füllungsgrad der Mahltrommel geschätzt werden mußte.

Nur wenigen Lesern dieser Broschüre dürfte bekannt sein, daß die Gleichartigkeit der Mahlvorgänge in einer Labor-Trommelmühle und in den großen kontinuierlich arbeitenden Rohrmühlen durch nichts besser bewiesen wird als durch die Entstehung der Formel $\frac{32}{\sqrt{D}}$. In dem einzigartigen Patentstreit über die Mahlvorgänge in Rohrmühlen [*27*, S. 116—118] stellte Professor FISCHER der TH Hannover im Jahre 1904 an Hand von Mahlversuchen mit Zementklinkern in einer Labor-Trommelmühle von 1 m Durchmesser fest, daß die günstigste spezifische Mahlleistung bei einer Drehzahl der Trommel $n = 32/\text{min}$ erreicht wird. Daraufhin veranlaßte er die allgemein bekannten photographischen Blitzaufnahmen über die Bewegungsvorgänge der Mahlkörper bei dieser Drehzahl der Mühle und gelangte dann durch die mathematische Auswertung dieser Vorgänge zu der für alle Mühlendurchmesser geltenden Formel $n = \frac{32}{\sqrt{D}}$. Unter Anerkennung dieser Formel entstand dann später die BLANCsche Formel $N = c\,T\sqrt{D}$. Beide Formeln haben die Jahrzehnte hindurch ihre Gültigkeit behalten. Jeder Rohrmühlenkonstrukteur wendet sie auch heute noch an, um die Abmessungen von Rohrmühlen für bestimmte Leistungen, bei gleichbleibendem spezifischen Arbeitsbedarf unabhängig vom Durchmesser der Mühlen, zu berechnen. Hätte sich diese aus dem Mahlversuch auf einer Labor-Trommelmühle von 1 m Durchmesser entstandene Grundannahme im Laufe der Zeit als irrtümlich erwiesen, so wären die beiden Formeln von Professor FISCHER und E. C. BLANC sicherlich schon längst über Bord geworfen worden. Es unterliegt keinem Zweifel, daß die Mahlergebnisse nach dem in dieser Broschüre geschilderten Prüfverfahren, bei welchem eine exakte Messung der für die reine Mahlarbeit erforderlichen Energie erfolgt, sinngemäß auf die kontinuierlich arbeitenden Kugel- und Rohrmühlen übertragen werden können. Es ist nur nötig, den lichten Durchmesser der Labor-Trommelmühle nicht zu klein, und zwar nicht unter 800 mm zu wählen.

1. Der spezifische Mahlwiderstand.

Die Mahlbarkeit der Stoffe hängt von ihrer physikalischen und chemischen Beschaffenheit ab und ist außerordentlich verschieden. Selbst gleichnamige Stoffe verschiedener Fundorte, wie beispielsweise Kalkstein, weichen in ihrer Mahlbarkeit sehr voneinander ab. Die Mahlbarkeit eines Stoffes ist um so besser, je weniger Widerstand das zu zerkleinernde Gut der Einwirkung der Mahlorgane der Zerkleinerungsmaschine entgegenstellt. Die Mahlbarkeit der Stoffe steht somit im umgekehrten Verhältnis zum Widerstand, der bei der Zerkleinerung im Mahlgut zu überwinden ist. Dieser Widerstand sei hier mit

Mahlwiderstand

bezeichnet.

Der Begriff Mahlwiderstand eines Stoffes stellt somit einen Wertbegriff dar. Um diesen Wertbegriff zahlenmäßig ausdrücken zu können, verwendet man als Maßstab den prozentualen Rückstand R oder den prozentualen Durchgang D durch ein bestimmtes Sieb oder die nach den verschiedenen bekannten Verfahren ermittelte spezifische Oberfläche O (cm^2/g oder m^2/kg) des Mahlgutes. Benutzt man in einem rechtwinkligen Koordinatensystem die Abszissenachse als Maßstab für den prozentualen Durchgang D durch ein bestimmtes Sieb und die Ordinatenachse als den Maßstab für den fortschreitenden Energieaufwand bei der

Verfeinerung des Mahlgutes, so erhält man bei fortschreitender Zerkleinerung die Kennlinie $O-P$ des spezifischen Arbeitsaufwandes a (vgl. Abb. 1). Diese Kennlinie bildet eine nach oben ansteigende gleichmäßig verlaufende Kurve und sei hier als *Mahlkurve* bezeichnet. Diese Mahlkurve ist die geometrische Darstellung der Funktion

$$a = f(D)\,, \tag{1}$$

deren Differentialquotient $\frac{da}{dD}$ als ein Wertmesser für den Mahlwider-

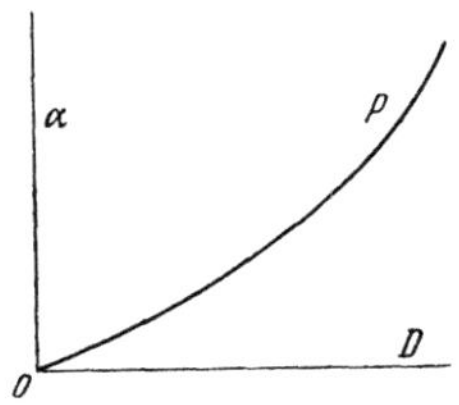

Abb. 1

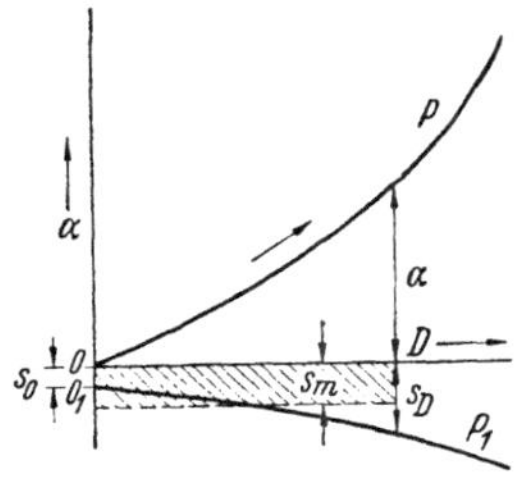

Abb. 2

stand des Stoffes angesehen werden kann. Bezeichnet man den Differentialquotienten $\frac{da}{dD}$ mit s, so drückt dieser Wert s den

spezifischen Mahlwiderstand

des Stoffes, bezogen auf den prozentualen Durchgang D durch ein bestimmtes Sieb, aus. Im gleichen Sinne bezieht sich der Wert s auch auf die erzeugte Oberfläche O (cm^2/g oder m^2/kg), falls die Abszisse in diesen Maßstab eingeteilt ist.

Eine bildliche Darstellung des Begriffes des spezifischen Mahlwiderstandes erhält man schließlich, wenn man die Differentialquotientenfunktion

$$s = f'(D) \tag{2}$$

als Differentialkurve in ein rechtwinkliges Koordinatensystem einträgt. In Abb. 2 ist oberhalb der Abszissenachse die Kennlinie $O-P$ des spezifischen Arbeitsaufwandes a und unterhalb derselben die Differentialkurve O_1-P_1 dargestellt. Die Kennlinie $O-P$ erscheint somit als Integralkurve, und die Ordinaten in einem beliebigen Punkte D entsprechen dem Inhalt der von der Abszisse $O-D$, der Differentialkurve O_1-P_1 und den Ordinaten s_O und s_D eingeschlossenen Fläche.

Bezeichnet man s_m als den *mittleren spezifischen Mahlwiderstand* des Stoffes, bezogen auf ein Prüfsieb vom Beginn der Mahlung bis zum Feinheitsgrad D, so ergibt sich hieraus der Arbeitsaufwand

$$a = s_m D. \tag{3}$$

Da sich der Arbeitsaufwand auf die Einheitsgutsmenge t bezieht, so wird für eine beliebige Gutsmenge $Q(t)$ der Arbeitsaufwand

$$A = Q s_m D. \tag{4}$$

Diese Formeln gelten im gleichen Sinne, wenn anstatt des prozentualen Siebdurchganges D die spezifische Oberfläche O (cm²/g oder m²/kg) als Maßstab gewählt wird.

Setzt man die Kenntnis für die verschiedenen D oder O geltenden Werte für den mittleren spezifischen Mahlwiderstand eines Stoffes voraus, so läßt sich nach Formel (4) der Arbeitsaufwand für jede beliebige Gutsmenge und für jeden gewünschten Feinheits- oder Oberflächengrad berechnen.

Man gelangt somit durch folgerichtige Entwicklung zu einem Ergebnis, das sich vorzüglich in die übliche Begriffsdarstellung der Physik einreihen läßt. Die Formel (4) ($A = Q s_m D$) entspricht in ganz gleichem Sinne der Formel

$$W = G c_p t$$

der Wärmelehre, worin W die Wärmemenge, G das Gewicht, c_p die mittlere spezifische Wärme und t die Temperatur eines Stoffes bedeutet.

In der vorangegangenen Einleitung wurde bereits darauf hingewiesen, daß als Prüfapparat zur Ermittlung des spezifischen Mahlwiderstandes eine Labor-Trommelmühle entsprechender Bauart gewählt wird. Die Ausführung einer solchen Prüfmaschine wird im nächsten Abschnitt behandelt. Hier sei zunächst nur bemerkt, daß in dieser Labor-Trommelmühle der Leistungsbedarf der Mühle nicht wie üblich durch die Energieaufnahme des Antriebsmotors gemessen, sondern durch das beim Mahlvorgang an der Mahltrommel auftretende Drehmoment für die reine Mahlarbeit bestimmt wird.

In einer Labor-Trommelmühle findet ein fortlaufender Verfeinerungsvorgang des eingelegten Mahlgutes durch die Einwirkung der Mahlkörper statt, wobei die Drehzahl der Mahltrommel wie auch das an ihr auftretende Drehmoment konstant bleibt. Werden nun in bestimmten Zeitabschnitten Mahlproben aus der Mahltrommel entnommen und wird der Feinheitsgrad, sei es nach dem prozentualen Durchgang D

durch ein bestimmtes Sieb oder nach erzeugter Oberfläche O (m^2/kg), ermittelt, so ist der Arbeitsaufwand proportional ansteigend zum Zeitverlauf bis zur jeweiligen Probeentnahme. Hiernach errechnet sich der mittlere spezifische Mahlwiderstand wie folgt:

In der bekannten Formel

$$M = 975 \cdot \frac{N}{n}$$

ist das Drehmoment M in mkg, der Leistungsbedarf N in kW und die Drehzahl n in U/min eingesetzt. Bezeichnet man den Leistungsbedarf N mit Arbeitsbedarf A, so ist unter Berücksichtigung der Zeitdauer z/min bis zur jeweiligen Probeentnahme der Arbeitsbedarf

$$A = \frac{M\,n}{975}\,\frac{z}{60} \quad \text{(kWh)}\,.$$

Dividiert man diesen Wert noch mit der Mahlgutmenge $Q\,(t)$, so beträgt der jeweilige spezifische Arbeitsbedarf

$$A = \frac{M\,n\,z}{58500 \cdot Q} \quad \text{(kWh/t)}\,. \tag{5}$$

Nach Formel (3) ist

$$a \text{ bzw. } A = s_m D \quad \text{oder} \quad A = s_m O$$

und somit

$$s_m = \frac{A}{D} \text{ bzw. } = \frac{A}{O}\,. \tag{6}$$

Da sich der spezifische Arbeitsbedarf A (kWh/t) für jeden gemessenen Siebdurchgang D oder für jede gemessene spezifische Oberfläche aus dem Mahlversuch ergibt, so lassen sich nunmehr alle zugehörigen Werte s_m für den „mittleren spezifischen Mahlwiderstand“ berechnen.

Auf dem Formblatt 1 werden die sich aus dem Mahlversuch in einer Labor-Trommelmühle ergebenden Werte für den Feinheitsgrad und den spezifischen Arbeitsbedarf in ein rechtwinkliges Koordinatensystem eingetragen. Die Abszissenachse A ist in 0 bis 100% D eingeteilt, während die Ordinatenachse B den Maßstab für die kWh/t und die Mahldauer enthält. Als Beispiel ist ein beliebiges Mahlergebnis angenommen, bei dem jede 15 Minuten eine Mahlprobe entnommen und der Feinheitsgrad bestimmt wurde. So ergaben sich im Koordinatensystem die vier Punkte *1*, *2*, *3* und *4*. Durch Verbindung dieser vier Punkte mittels eines Kurvenlinials zu einer gleichmäßig verlaufenden Kurve erhält man die kWh/t-Kennlinie I, aus der sich dann alle s_m-Werte von 10 zu 10%

nach der Formel (6) ergeben. In die Zahlenreihe 1 im unteren Teil des Formblattes sind die Werte kWh/t und in die Zahlenreihe 2 die entsprechenden Werte s_m eingetragen. Aus den s_m-Werten ergibt sich dann im Formblatt die s_m-Kennlinie II.

Die Werte s für den spezifischen Mahlwiderstand an den verschiedenen Kennlinienpunkten können in einfacher Weise rechnerisch ermittelt

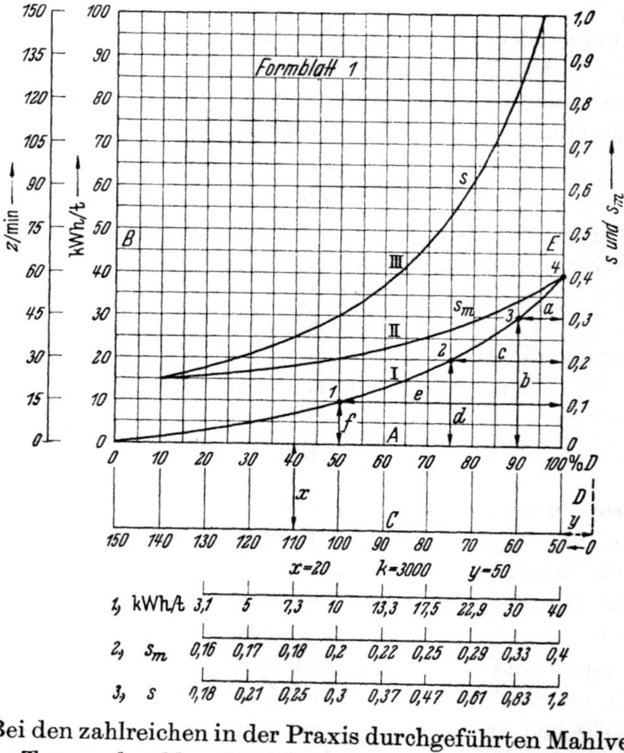

werden. Bei den zahlreichen in der Praxis durchgeführten Mahlversuchen auf Labor-Trommelmühlen hat sich immer wieder gezeigt, daß die in ein rechtwinkliges Koordinatensystem eingetragene kWh/t-Kennlinie, hier kurz Mahlkurve genannt, einen hyperbolischen Verlauf nimmt und als ein Teil einer gleichseitigen Hyperbel gewertet werden kann. Aus der Asymptotengleichung $xy = k$ des betreffenden Hyperbelteils der Mahlkurve lassen sich dann alle Kurvenpunkte, wie auch der an diesen Punkten entstehende spezifische Mahlwiderstand, rechnerisch erfassen.

Auf Formblatt 1 ist das Koordinatensystem CD der Hyperbelfunktion angedeutet. Dieses Koordinatensystem muß zu dem Koordinatensystem AE, von dem es irgendwo parallel entfernt liegt, rechnerisch in Beziehung gebracht werden.

Aus der Mahlkurve Kennlinie I entnimmt man drei durch die Siebanalyse festgelegte Punkte, beispielsweise die Punkte *1*, *2* und *3*, und bezeichnet die zugehörenden Abszissen und Ordinaten mit a, b, c, d, e und f. Die Werte x und y der Hyperbelfunktion sind in diesem Falle nur als Differenzwerte zwischen dem Koordinatensystem AE und dem Koordinatensystem CD einzusetzen. Aus den angenommenen Werten a bis f der drei Punkte lassen sich dann die Werte x und y wie folgt berechnen:

$$(a+y)\,(b+x)=k, \quad (c+y)\,(d+x)=k, \quad (e+y)\,(f+x)=k, \tag{7}$$

$$(a+y)\,(b+x)=(c+y)\,(d+x), \quad (c+y)\,(d+x)=(e+y)\,(f+x).$$

$$y=\frac{c\,d-a\,b+x\,(c-a)}{b-d}, \qquad y=\frac{e\,f-c\,d+x\,(e-c)}{d-f}, \tag{8}$$

$$\frac{c\,d-a\,b+x\,(c-a)}{b-d}=\frac{e\,f-c\,d+x\,(e-c)}{d-f}$$

$$x=\frac{(d-f)\,(c\,d-a\,b)-[(b-d)\,(e\,f-c\,d)]}{(b-d)\,(e-c)-(d-f)\,(c-a)}. \tag{9}$$

Zunächst wird der Wert x nach Formel (9) bestimmt. Diesen Wert trägt man dann in eine der y-Formeln (8) ein und erhält dann den Wert y. Durch Einsetzen der Werte x und y in eine der Asymptotengleichungen Formel (7) ergibt sich dann auch der Wert k. In dem Formblatt 1 betragen beispielsweise für die Abszissen und Ordinaten a bis f die Werte

$$a=10, \quad b=30, \quad c=25, \quad d=20, \quad e=50 \quad \text{und} \quad f=10.$$

In obige Formeln eingesetzt ergibt sich dann:

$$x=\frac{10\cdot(500-300)-[10\cdot(500-500)]}{10\cdot 25-10\cdot 15}=20,$$

$$y=\frac{500-300+20\cdot 15}{10}=50,$$

$$k=(10+50)\cdot(30+20)=3000.$$

Für die Berechnung der Werte s für den spezifischen Mahlwiderstand gilt dann die Formel

$$\frac{k}{(y+100-D)^2}. \tag{10}$$

Anschließend hieran ist auf Formblatt 2 ein Mahlversuch wiedergegeben, bei welchem die Feinheit des Mahlgutes nicht auf den Durchgang D eines Siebes, sondern auf die erzeugte Oberfläche O bezogen ist. Hierbei ist die Abszisse A in 0 bis 400 m²/kg und die Ordinate B in kWh/t eingeteilt. Die Berechnung der Werte s des spezifischen Mahlwider-

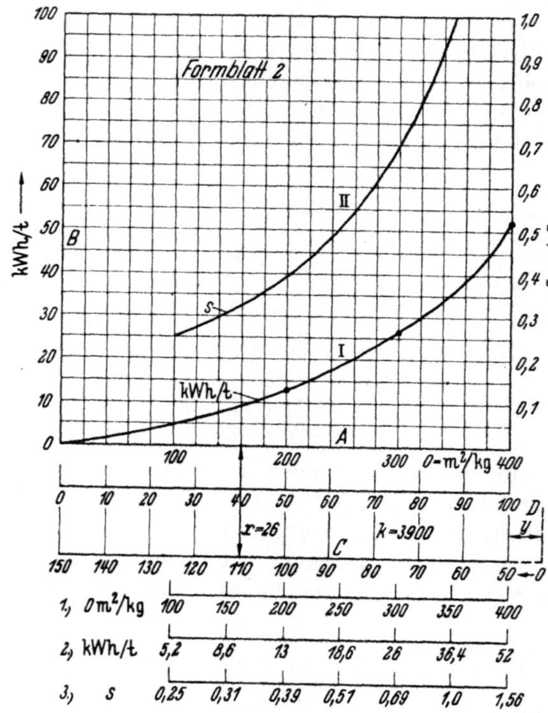

standes erfolgt wie auf Formblatt 1 nach den Formeln (7) bis (10). Zu diesem Zweck ist unterhalb der Abszisse noch eine Einteilung von 0 bis 100 vorgesehen, und zwar im gleichen Maßstab wie der kWh/t-Maßstab. Schließlich ist auch noch die Abszisse C und die Ordinate D des Koordinatensystems angedeutet.

Der auf Formblatt 2 behandelte Mahlversuch wurde einem in der Zeitschrift Zement-Kalk-Gips Heft 5, Mai 1953, erschienenen Auszug aus dem in der amerikanischen Zeitschrift Rock Prod. Bd. 55 (1952) veröffentlichten Bericht von R. A. Loveland über Mahlversuche entnommen, die auf einer Labor-Trommelmühle im Laboratorium der Portland Cement Association in Chicago durchgeführt wurden.

Die Labor-Trommelmühle hatte einen Durchmesser von 525 mm und eine Breite von 700 mm. Sie lief mit einer Drehzahl von $n = 43$/min und besaß eine Mahlkörperfüllung von 227 kg = 32 % Füllungsgrad. Zweck der Versuche war die Feststellung, bei welchem Verhältnis Mahlkörpergewicht zum Mahlgutgewicht die beste Mahlleistung zu erzielen sei. Das Versuchsmaterial bestand aus Portland-Zementklinker bester Qualität, vorgemahlen auf 0 bis 0,8 mm Korngröße. Der Feinheitsgrad des Mahlgutes wurde durch die erzeugte spezifische Oberfläche 2000, 3000 und 4000 cm^2/g bzw. 200, 300 und 400 m^2/kg nach der Prüfmethode Blaine bestimmt. Das Aufgabegut hatte eine spezifische Oberfläche von 520 cm^2/g bzw. 52 m^2/kg.

Aus den im Bericht enthaltenen Zahlentafeln über die Mahlergebnisse wurden für das Formblatt einheitlich die bei einem gewichtsmäßigen Verhältnis von Mahlkörperfüllung zur Mahlgutfüllung von 10 : 1 erzielten Leistungen gewählt und der jeweilige spezifische Arbeitsbedarf A = kWh/t hieraus berechnet. Es ergab sich ein spezifischer Arbeitsbedarf von der anfänglichen spezifischen Oberfläche von 52 m^2/kg bis zur erzeugten Oberfläche von

200 m^2/kg mit 13 kWh/t,
300 m^2/kg mit 26 kWh/t und
400 m^2/kg mit 52 kWh t.

Unter Zugrundelegung dieser drei Werte ist die Hyperbelfunktion für die kWh/t-Kennlinie rechnerisch aus den Formeln (7) bis (9) ermittelt worden. Es ergab sich hierbei: $x = 26$, $y = 50$ und $k = 3900$. In die Zahlenreihen 1, 2 und 3 sind die errechneten Werte für die Oberflächen von 50 zu 50 m^2/kg eingetragen. Entsprechend diesen Werten wurde dann die kWh/t-Kennlinie I und die s-Kennlinie II eingezeichnet.

Aus den dargestellten Formblättern ergibt sich nun auch die Bedeutung der Kenntnis des spezifischen Mahlwiderstandes. Wenn dieser in der Asymptotengleichung der Hyperbel den Wert 1 überschreitet, wie dies auf dem Formblatt 2 bereits bei einem Feinheitsgrad von 350 m^2/kg der Fall ist, so strebt der spezifische Mahlwiderstand dem Wert ∞ zu, und dann hat eine wirtschaftliche Feinmahlung in einer Rohrmühle praktisch ihr Ende erreicht. In Abb. 3 sind diese Zusammenhänge nochmals graphisch dargestellt. Das Koordinatensystem CD bezieht sich auf eine Asymptotengleichung $xy = 3600$. Die sich hieraus ergebende Hyperbel ist eingezeichnet. Wie bei jeder Hyperbel dieser

Art ergibt sich am Schnittpunkt der Hyperbel mit einer vom 0-Punkt des Koordinatensystems unter 45° aufsteigenden Linie der Wendepunkt der gleichseitigen Hyperbel. Stellt nun die Hyperbelkurve gleichzeitig die kWh/t-Kennlinie dar, so erreicht der spezifische Mahlwiderstand an diesem Wendepunkt stets den Wert 1. In der Abbildung sind nun zwei Koordinatensysteme $A\,B$ und $A_1\,B_1$ dargestellt, wie sie zur Auswertung von Mahlversuchsergebnissen der Labor-Trommelmühle verwendet werden. Der Einfachheit halber ist hier für beide Koordi-

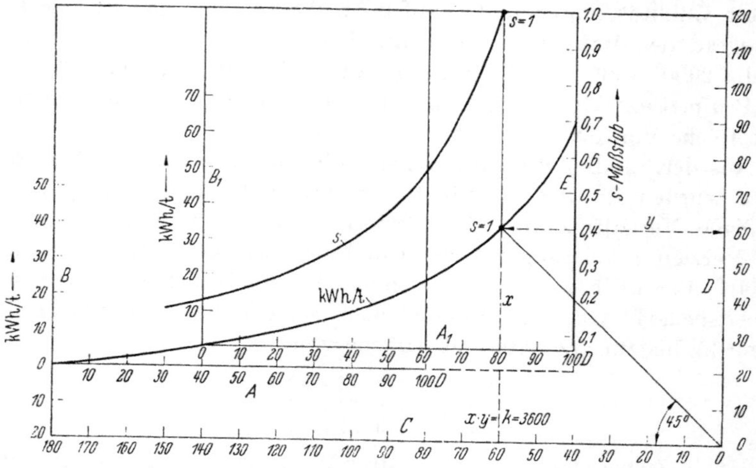

Abb. 3

natensysteme die gleiche Hyperbel bzw. kWh/t-Kennlinie gewählt worden. Der im Koordinatensystem $A\,B$ wiedergegebene Versuch würde dann bei Erreichung eines Siebdurchganges von 90% D noch weit von dem Wendepunkt der Hyperbel bzw. vom s-Wert 1 entfernt sein und somit ein recht gutes Mahlergebnis darstellen, während der im Koordinatensystem $A_1\,B_1$ wiedergegebene Mahlversuch gerade das Gegenteil zeigt. Hier wird der Wendepunkt bzw. der s-Wert 1 bereits bei einem Siebdurchgang von 80% D erreicht. Von dort ab steigt die Hyperbellinie dann so steil an, daß der s-Wert bei 90% D bereits den Wert 1,44 erreicht hat. Dementsprechend beträgt auch der Arbeitsbedarf zur Erreichung der Mahlfeinheit von 80 auf 90% D nach Koordinatensystem $A\,B$ nur 4 kWh/t, während er nach Koordinatensystem $A_1\,B_1$ bereits 12 kWh/t in Anspruch nimmt, was mahltechnisch gesehen als unwirtschaftlich zu bezeichnen wäre.

In Abb. 3 ist auch wie in den Formblättern 1 und 2 die s-Kennlinie eingezeichnet. Der Maßstab hierfür, auf Ordinate E dargestellt, kann auf den Formblättern beliebig gewählt werden, da diese Kennlinie nur ein Anschauungsbild über den Verlauf derselben wiedergeben soll. Eine weitere Bedeutung kommt ihr allerdings noch bei der Auswertung und Übertragung der Versuchsmahlungen in der Labor-Trommelmühle auf die großen Mahlmaschinen zu, wie dies noch in einem späteren Abschnitt gezeigt werden wird.

Demgegenüber soll aber, wie auf den beiliegenden Formblättern geschehen, der Maßstab für die prozentualen Siebdurchgänge auf der Abszisse sowie auch der Maßstab für die kWh/t auf der Ordinate stets der gleiche sein wie für das Ordinatensystem der Hyperbelfunktion, da sonst die kWh/t-Kennlinie verzerrt erscheinen würde. Der Maßstab für die Mahldauer in Minuten ist dann stets dem kWh/t-Maßstab proportional anzupassen.

Es sei noch darauf hingewiesen, daß sich die Werte x und y für den Wendepunkt der Hyperbel, also für den spezifischen Mahlwiderstand $s = 1$, stets aus $\sqrt{k}$, in vorliegendem Falle also $\sqrt{3600} = 60$, ergeben.

2. Die Labor-Trommelmühle.

Wie bereits dargelegt wurde, sind die Zerkleinerungsvorgänge in Kugel- und Rohrmühlen derartig vielseitig, daß als Prüfmaschine nur eine Labor-Trommelmühle in Frage kommen kann. In einer solchen Mühle ist der Mahlvorgang der gleiche wie in den großen Kugel- und Rohrmühlen, und die Mahlergebnisse können, wie noch im nächsten Abschnitt gezeigt werden wird, ohne weiteres auf die großen Mühlen übertragen werden. Da aber die mechanische Verlustarbeit der kleinen Trommelmühle in einem anderen Verhältnis zur wirklichen Mahlarbeit steht als bei den großen Kugel- und Rohrmühlen, deren mechanische Verlustarbeit je nach der Art des Antriebes selbst sehr verschieden sein kann, so ist es erforderlich, in der Trommelmühle den Leistungsbedarf zu messen, der sich ausschließlich auf den Mahlvorgang bezieht. Das Mahlergebnis der Trommelmühle läßt sich dann in gleichem Sinne auf die großen Mühlen übertragen. Es ist aber nicht empfehlenswert, den Leistungsbedarf der Trommelmühle durch die Energieaufnahme des Antriebsmotors zu ermitteln, da hierbei eine Reihe von unbestimmten Faktoren die präzise Feststellung des an sich schon geringen Leistungsbedarfes nachteilig beeinflussen. Um diese Schwierigkeiten zu vermeiden, wird vom Verfasser dieser Broschüre eine Labor-Trommelmühle entsprechend den Abb. 4 bis 7 in Vorschlag gebracht, bei der der Arbeitsbedarf des Mahlvorganges aus dem sich an der Mahltrommel ergebenden Drehmoment bestimmt wird.

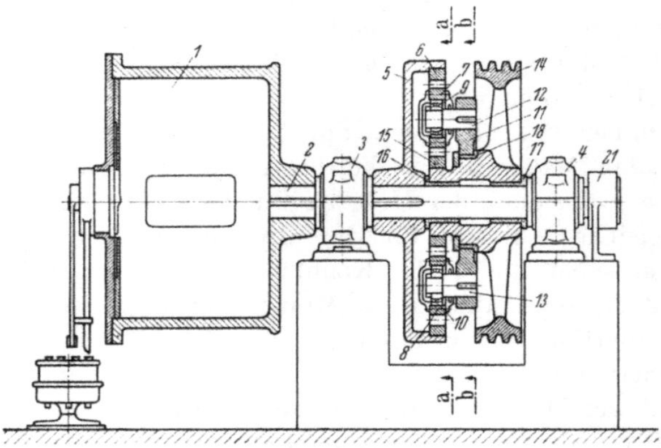

Abb. 4 Längsschnitt

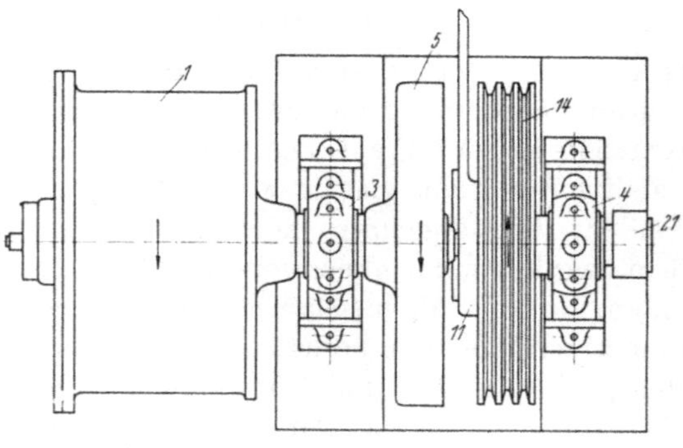

Abb. 5 Grundriß

Abb. 4 zeigt einen Längsschnitt und Abb. 5 einen Grundriß der Labor-Trommelmühle, während Abb. 6 und 7 Querschnitte an der Drehmoment-Meßvorrichtung wiedergeben. Die Mahltrommel *1* ist auf der Antriebswelle *2*, die ihrerseits von den beiden Lagern *3* und *4* getragen wird, aufgekeilt. Auf der Antriebswelle *2* sitzt auch das Antriebsrad *5*, das mit dem eingesetzten Zahnkranz *6* versehen ist. In diesen Zahnkranz greifen die beiden Zahnräder *7* und *8* ein, die mittels der Wälzlager *9* und *10* auf den in dem Hebelkörper *11* fest eingesetzten Bolzen *12* und *13* drehbar gelagert sind. Die beiden Zahnräder *7* und *8* werden von dem mit der Nabe der Antriebs-Keilriemenscheibe *14* fest verbundenen Zahnkranz *15* angetrieben. Durch dieses Planetengetriebe entsteht gleichzeitig eine Räderübersetzung von etwa 1 : 3, so daß sich die Keilriemenscheibe *14*, die von einem Elektromotor mittels Keilriemen angetrieben wird, etwa dreimal so schnell und in entgegengesetzter Drehrichtung zur Mahltrommel dreht. Die Keilriemenscheibe ist deshalb mit Lagerbüchsen *16* und *17* versehen. Ferner dreht sich die

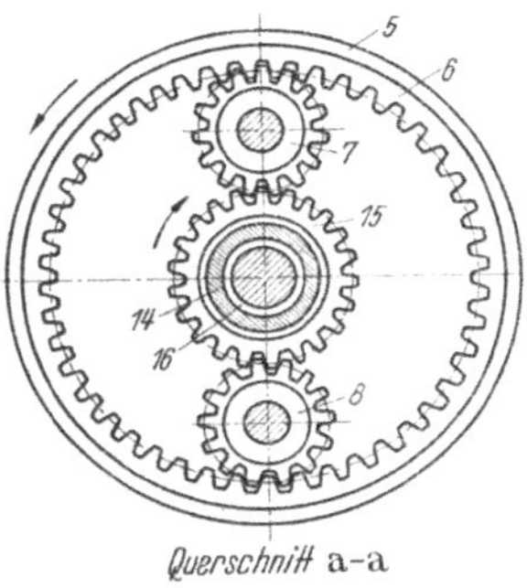

Abb. 6

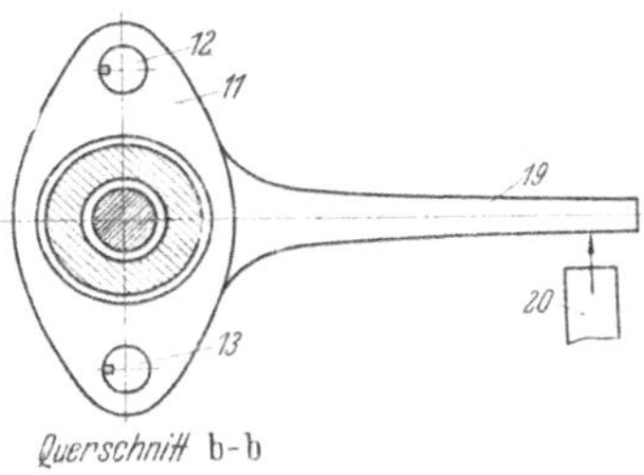

Abb. 7

Nabe der Keilriemenscheibe innerhalb der Bohrung des Hebelkörpers *11* mit der aufgesetzten Lagerbüchse *18*. Der Hebelkörper *11* überträgt über einen Verlängerungsarm *19* die an den Bolzen *12* und *13* angreifenden Druckkräfte auf ein Meß- und Registriergerät *20*. Am Ende der Antriebswelle *2* ist eine Drehzahl-Meßvorrichtung *21* vorgesehen.

Vor Beginn einer Versuchsreihe wird der mechanische Verlustarbeitsbedarf gemessen, um diesen Wert von den beim Mahlvorgang gemessenen Arbeitsbedarfswerten in Abzug zu bringen. Hieraus ergibt sich dann der tatsächliche Arbeitsbedarf der reinen Mahlarbeit. Die mechanische Verlustarbeit ist bei dieser Labor-Trommelmühle sehr gering. Sie setzt sich zusammen aus dem Reibungsverlust in den beiden Lagern *3* und *4* und dem Planetengetriebe. Will man ganz korrekt vorgehen, so empfiehlt es sich, vor der Messung in die leere Mahltrommel einen eisernen Ring vom Innendurchmesser der Trommel und vom Gewicht der Mahlkörperfüllung einzulegen, um die richtige Belastung der

Mahltrommel und somit den genauen Wert des mechanischen Verlustarbeitsbedarfs beim Mahlvorgang zu erhalten.

Während eines Mahlversuches werden in bestimmten Zeitabschnitten Mahlproben zur Bestimmung der jeweiligen Siebanalyse oder der erzeugten spezifischen Oberfläche entnommen. Sind diese Feinheitsbestimmungen mit Abschluß des Mahlversuches durchgeführt, so können dann die Kennlinien für den spezifischen Arbeitsbedarf, den mittleren spezifischen Mahlwiderstand und den spezifischen Mahlwiderstand sowie die errechneten Zahlenwerte in ein Formblatt, wie im vorangegangenen Abschnitt erläutert wurde, eingezeichnet bzw. eingetragen werden.

Da zur Probenentnahme die Mühle stets stillgesetzt werden muß und die Probenentnahme unbequem und zeitraubend ist, so ist für die Labor-Trommelmühle auch eine automatische Probenentnahme vorgesehen. In der Abb. 4 ist diese Vorrichtung schematisch angedeutet. Sie ermöglicht die automatische Entnahme von guten Durchschnittsproben während des Betriebes der Mühle in bestimmten, vorher einstellbaren Zeitabschnitten. Die Mahlproben werden getrennt in kleine Gefäße abgeführt, die dann nach Beendigung des kontinuierlich verlaufenden Mahlvorganges gemeinsam zum Laboratorium gebracht werden.

Die Mahltrommel kann ohne besondere Auspanzerung betrieben werden. Andererseits kann aber auch ein Blechzylinder mit entsprechenden Hubleisten eingeschoben oder auch ein Conzentra- oder Wurfschaufel-Einbau vorgesehen werden. In dieser Weise können auf der hier beschriebenen Labor-Trommelmühle alle bei den großen Kugel- und Rohrmühlen üblichen Mahlvorgänge berücksichtigt und erprobt werden.

3. Durchführung und Auswertung der Mahlversuche.

Wie in den vorangegangenen Abschnitten bereits dargelegt wurde, wird bei den Mahlversuchen auf der Labor-Trommelmühle das Drehmoment der Mahltrommel gemessen und der Arbeitsbedarf A (kWh) der reinen Mahlarbeit daraus berechnet. Die stündliche Leistung L (t) der Mühle ergibt sich aus der in der Mühle befindlichen Mahlgutmenge (t) und der Zeitdauer (z) der Mahlung bis zu einem bestimmten Feinheitsgrad oder einer bestimmten spezifischen Oberfläche. Der spezifische Arbeitsbedarf ist dann $\frac{A}{L}$ (kWh/t).

Als Labor-Trommelmühle sollte eine Mühle von nicht unter 800 mm lichtem Durchmesser verwendet werden. In einer solchen Mühle können sowohl Grobmahlungen mit einem Aufgabegut von 0 bis 6 mm Körnung als auch Feinmahlungen mit einem Aufgabegut von 0 bis 3 mm Körnung durchgeführt werden. Da sich die Mahlergebnisse der Labor-Trommelmühle auf die reine Mahlarbeit, also ausschließlich der maschinellen Verlustarbeit, beziehen, so können sie ohne weiteres auf die kontinuierlich arbeitenden Kugel- und Rohrmühlen im gleichen Sinne übertragen werden. Zu den für diese errechneten Werten ist dann nur noch ein gewisser Prozentsatz des maschinellen Verlustarbeitsbedarfes hinzuzufügen, um den Gesamtarbeitsbedarf zu erhalten. Dieser auf den reinen Mahlleistungsbedarf aufzuschlagende Prozentsatz beträgt je nach der Größe, der Bauart und der Antriebsart der betreffenden Mühle 10 bis 20%. Würde sich also beispielsweise der Leistungsbedarf für die reine Mahlarbeit einer Verbund-Rohrmühle mit 600 kW ergeben, so würde bei 15% Zuschlag der Gesamtleistungsbedarf der Mühle 690 kW und der mechanische Wirkungsgrad somit 87% betragen.

Die Durchführung der Mahlversuche in der Labor-Trommelmühle kann je nach dem beabsichtigten Zweck in verschiedener Richtung erfolgen:

1. in der Veränderung der Mahlkörperart und des Füllungsgrades der Mahltrommel,
2. in der Erprobung der Mahlbarkeit verschiedener Mahlgüter,
3. in der Veränderung der Drehzahl der Mahltrommel und
4. in der Erprobung von Einbauten in der Mahltrommel.

Zu 1. Für die Grobmahlung kommen Stahlkugeln von 40 bis 50 mm und für die Feinmahlung Stahlkugeln von 20 bis 30 mm, Stangenabschnitte oder Cylpebs in Frage. Für grießige (rösche) Mahlung können auch Stahlmahlstäbe von 40 bis 50 mm Durchmesser verwendet werden.

Zu 2. Die Versuchsmahlungen können für alle Arten Materialien, wie sie in den verschiedenen Industriezweigen sowohl als Rohmaterialien Verwendung finden als auch als Fertigprodukte gewonnen werden, durchgeführt werden. Die Aufgabemenge für die Mahltrommel soll so bemessen sein, daß die Hohlräume zwischen den Mahlkugeln gerade ausgefüllt werden. Bei einem Schüttgewicht des Aufgabegutes von etwa 1,5 würde dies etwa $^1/_8$ des Mahlkörpergewichtes bedeuten.

Zu 3. Im allgemeinen behält die bekannte Formel $n = \frac{32}{\sqrt{d}}$ noch immer ihre Gültigkeit. Es kann aber für manche Mahlgüter vorteilhaft sein, die Drehzahl etwas zu erhöhen oder herabzusetzen. Eine Erhöhung der Drehzahl ist für Naßmahlung, die ebenfalls auf der Labor-Trommelmühle durchgeführt werden kann, von 5 bis 10% gegeben, während eine Verminderung der Drehzahl nur für die Trockenmahlung zur Erzielung einer möglichst weitgehenden Feinstmahlung erwünscht ist.

Zu 4. In der Labor-Trommelmühle können auch Einbauten wie beispielsweise der bekannte Conzentra-Einbau, der Wurfschaufel-Einbau oder andere eingesetzt werden, um den Einfluß solcher Einbauten auf den Mahlwiderstand des Mahlgutes zu erproben.

Wie aus diesen kurzen Bemerkungen hervorgeht, sind die Möglichkeiten der Versuchsdurchführung recht mannigfach. Sie ergeben sich im wesentlichen aus der jeweils gestellten Aufgabe. Zusammenfassend kann gesagt werden, daß derartige Versuchsmahlungen zu folgenden Zwecken durchgeführt werden:

1. Zur Feststellung der Unterschiede in der Mahlbarkeit verschiedener gleichnamiger Rohmaterialien, um die am leichtesten mahlbare Art zur wirtschaftlichen Produktion zu verwenden.

2. Zur Feststellung der Arbeitsweise der in den verschiedenen Industriezweigen in Betrieb befindlichen Mahlanlagen, um diese gegebenenfalls auf eine höhere spezifische Leistung zu bringen.

3. Zur Vorausbestimmung der zweckmäßigsten Mühlenarten und Abmessungen für verlangte Leistungen bei Neuanlagen.

4. Zur weiteren Erforschung der Mahlvorgänge in Rohrmühlen sowohl in wissenschaftlicher als auch in mahltechnischer Beziehung.

Die Übertragung der Mahlergebnisse der Labor-Trommelmühle auf die kontinuierlich arbeitenden Kugel- und Rohrmühlen erfolgt nach der Gleichung:

$$\frac{L}{L_1} = \frac{A}{A_1} = \frac{J\sqrt{D}}{J_1\sqrt{D_1}} = \frac{Q\sqrt{D}}{Q_1\sqrt{D_1}}. \tag{11}$$

Hierin bedeutet:

L Leistung der Labor-Trommelmühle in t/h,
L_1 Leistung der Kugel- oder Rohrmühle in t/h,
A Arbeitsbedarf der Labor-Trommelmühle in kW,
A_1 Arbeitsbedarf der Kugel- oder Rohrmühle in kW,
J lichter Inhalt der Labor-Trommelmühle in m^3,
J_1 lichter Inhalt der Kugel- oder Rohrmühle in m^3,
D innerer Durchmesser der Labor-Trommelmühle in m,
D_1 innerer Durchmesser der Kugel- oder Rohrmühle in m,
Q Mahlkörpergewicht der Labor-Trommelmühle in t,
Q_1 Mahlkörpergewicht der Kugel- oder Rohrmühle in t.

Nach dieser Gleichung ist

$$L_1 = \frac{L}{J\sqrt{D}} J_1 \sqrt{D_1}, \tag{12}$$

$$A_1 = \frac{A}{J\sqrt{D}} J_1 \sqrt{D_1}, \tag{13}$$

$$Q_1 = \frac{Q J_1}{J}. \tag{14}$$

Die Werte $\frac{L}{J\sqrt{D}}$ und $\frac{A}{J\sqrt{D}}$ ergeben sich als Festwerte X und Y aus dem jeweiligen Mahlversuch.

Die Werte für J_1 und $J_1 \sqrt{D_1}$ können für alle gebräuchlichen Mahltrommel-Durchmesser und -Längen aus der Zahlentafel 1 und 2 entnommen werden.

Nach diesen Formeln kann für eine verlangte Leistung die zweckmäßigste Mühlenabmessung sowie bei einer bekannten Mühlengröße der Leistungsbedarf und die Mahlkörperfüllung bestimmt werden.

Anschließend soll nun an einigen Beispielen gezeigt werden, in welcher Weise die Versuchsdurchführung und ihre Auswertung zu erfolgen hat. Diese Beispiele sind willkürlich gewählt und sollen nur als Anschauungsbeispiele dienen, um einen Weg zu zeigen, in welcher Weise die mannigfachen Aufgaben der Praxis gelöst werden können.

Aufgabe 1. In einer Zementfabrik werden in einer Verbund-Rohrmühle von 2,2 m Durchmesser und 12 m Länge Portlandzement-Klinker auf eine Feinheit von 10% Rückstand auf 4900 Maschen/cm² gemahlen. Die Vorkammer der Mühle ist 3 m und die Feinmahlkammer 9 m lang. Der Füllungsgrad mit Mahlkörpern ist 27,5% des Rauminhaltes der Mahltrommel durchweg. Die Leistung der Mühle beträgt 16,5 t/h bei einem Leistungsbedarf von 560 kW, entsprechend einem spezifischen Arbeitsbedarf von 34 kWh/t. Die Frage lautet: Was kann geschehen, um die Leistung der Mühle bei gleichem Leistungsbedarf zu erhöhen.

Es wurde beschlossen, die Vormahlkammer, da diese nur 25% des Leistungsbedarfes erfordert, unverändert zu belassen und zunächst die Mahlvorgänge in der Feinmahlkammer zu untersuchen. Hierauf wurden am Eintritt der Feinmahlkammer 100 kg Material aus der Mühle entnommen und zwei Mahlversuche auf einer Labor-Trommelmühle, wie im vorangegangenen Abschnitt beschrieben, durchgeführt, und zwar ein Grobmahlversuch und ein Feinmahlversuch. Die Labor-Trommelmühle hat einen lichten Durchmesser von 800 mm und eine lichte Weite von 500 mm. Der Rauminhalt betrug somit 0,25 m³. Die Mühle wurde auf 27,5% des Rauminhaltes bei der Grobmahlung mit Stahlkugeln von 50 und 40 mm Durchmesser und bei dem Feinmahlversuch mit

Stahlkugeln von 25 mm Durchmesser und Cylpebs gefüllt. Das Mahlkörpergewicht betrug in beiden Fällen $0{,}25 \cdot 0{,}275 \cdot 4600 = 320$ kg. Das Mahlgutgewicht von je 43 kg füllte gerade die Hohlräume zwischen den Mahlkörpern. Der Leistungsbedarf der Mühle für die reine Mahlarbeit, also ohne maschinelle Verlustarbeit, wurde hierbei über die

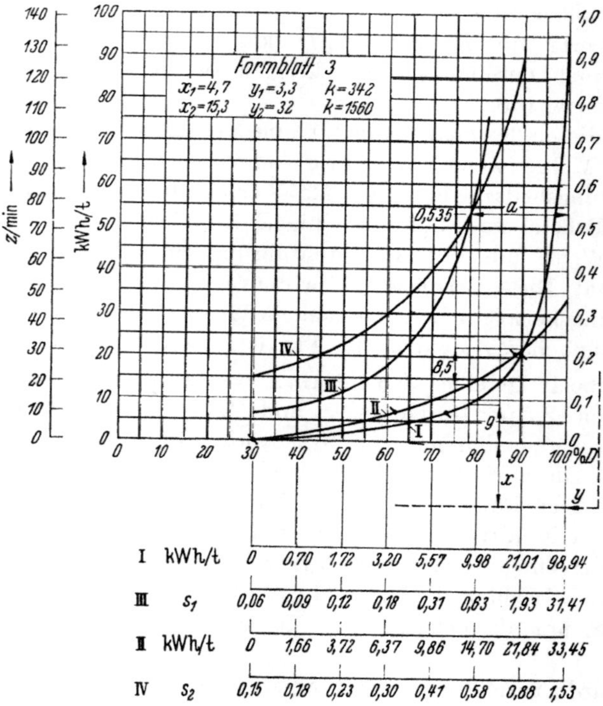

mkg-Messung mit 1,8 kW festgestellt. Unter der Annahme, daß der maschinelle Wirkungsgrad einer Rohrmühle etwa 87% beträgt, würde sich dann der Brutto-Arbeitsbedarf auf 2,1 kW stellen.

In Formblatt 3 ist zunächst der Zeitmaßstab einzutragen. Der Leistungsbedarf der Labor-Trommelmühle wurde bei einer Mahlgutfüllung von 43 kg mit 1,8 kW für die reine Mahlarbeit gemessen. Eine Mahlgutfüllung von 1000 kg entspräche dann einem Leistungsbedarf von $1{,}8 \cdot \frac{1000}{43} = 42$ kW und der spezifische Arbeitsbedarf in einer

Zeitdauer von $z = 60$ Minuten würde dann 42 kWh/t betragen. Dementsprechend erreicht der Zeitmaßstab bei 60 Minuten Mahldauer den Wert 42 kWh/t, und hieraus ergibt sich die Zeitmaßstabeinteilung von 10 zu 10 Minuten.

Während der beiden Mahlversuche wurde in je 10 Minuten eine Mahlprobe entnommen und der Durchgang % D 4900 bestimmt. Die sich ergebenden Werte wurden als Punkte in das Formblatt eingetragen. Das am Eingang der Feinmahlkammer entnommene Mahlgut hatte bereits 30% D 4900.

Aus den so im Formblatt eingetragenen Mahlkurvenpunkten wurden dann die Hyperbelfunktionen nach den Formeln (7), (8) u. (9) berechnet. Hierbei wurden die mit einem kleinen Strich versehenen Punkte der Siebanalysen zugrunde gelegt. Im Sinne Formblatt 1 betragen die Werte a bis f für die Grobmahlung
$a = 10$, $b = 21$, $c = 26$, $d = 7$, $e = 70$ und $f = 0$ und
$a = 11$, $b = 21$, $c = 38$, $d = 7$, $e = 70$ und $f = 0$ für die Feinmahlung. Unter Einsetzen dieser Werte in die Formeln (7), (8) u. (9) ergaben sich die Werte x, y und k der Hyperbelgleichungen für die Grobmahlung mit $x_1 = 4{,}7$, $y_1 = 3{,}3$ und $k_1 = 342$ und für die Feinmahlung mit $x_2 = 15{,}3$, $y_2 = 32$ und $k_2 = 1560$. Hiernach wurden dann sämtliche Werte des spezifischen Arbeitsbedarfs (kWh/t) und des spezifischen Mahlwiderstandes (s) berechnet und in die entsprechenden Zahlenreihen eingetragen. Abschließend wurden dann noch die vier Kennlinien I, II, III und IV in das Formblatt eingezeichnet.

Das in dieser Weise fertiggestellte Formblatt gibt ein anschauliches Bild über die Mahlvorgänge in der Rohrmühle. Die beiden Kennlinien I und II zeigen zunächst, daß der verlangte Feinheitsgrad nahezu mit gleichem Arbeitsaufwand sowohl bei Mahlung mit größeren als bei Mahlung mit kleineren Mahlkörpern erzielt wird. Hieraus geht hervor, daß eine Mischung von großen und kleinen Mahlkörpern, wie sie in der vorhandenen Verbund-Rohrmühle benutzt wurde, annähernd zum selben Ergebnis führen muß. Aus dem Formblatt geht weiter hervor, daß zur Erreichung dieses Feinheitsgrades von 90% D 4900 etwa 22 kWh/t erforderlich sind. Dieses Ergebnis deckt sich auch mit den Werten der Leistung und des Leistungsbedarfes der vorhandenen Mühle, denn 22 kWh/t für die reine Mahlarbeit entsprechen einem Bruttoarbeitsbedarf von $22 : 0{,}87 = 25{,}3$ kWh/t, und da sich dieser nur auf die Mahlung in der Feinmahlkammer bezieht und diese $^3/_4$ der Gesamtlänge der Mahltrommel ausmacht, so kann der spezifische Gesamtarbeitsbedarf der großen Mühle mit $\frac{25{,}3 \cdot 4}{3} = 34$ kWh/t angenommen werden. Hieraus ergibt sich somit auch die Leistung der Verbund-Rohrmühle mit $560 : 34 = 16{,}5$ t/h.

Vergleicht man nun die beiden Kennlinien I und II der Grob- und Feinmahlung miteinander, so zeigt sich, daß die Grobmahlung anfänglich sehr gut fortschreitet, dann aber bei Erreichung eines gewissen Feinheitsgrades erheblich nachläßt, während bei der Feinmahlung das Umgekehrte der Fall ist. Ein noch deutlicheres Bild zeigen die beiden Kennlinien III und IV der spezifischen Mahlwiderstände. Bei der Grobmahlung wird der Wendepunkt ($s_1 = 1$) der Kennlinie III bereits wesentlich vor Erreichung des verlangten Feinheitsgrades überschritten, während bei der Feinmahlung der verlangte Feinheitsgrad den Wendepunkt ($s_2 = 1$) noch nicht erreicht. Bekanntlich steigt der spezifische Mahlwiderstand nach Überschreitung des Wertes 1 stark an und strebt dem Wert ∞ zu, so daß sehr schnell die Mahlwirkung auf 0 absinkt.

Aus dieser Betrachtung ergibt sich, daß eine Aufteilung der bisherigen Feinmahlkammer der Verbund-Rohrmühle in eine Grob- und eine Feinmahlkammer eine Verbesserung der Mahlleistung bringen muß. Hier kommt nun die Kenntnis des spezifischen Mahlwiderstandes zur Geltung. Eine einfache Überlegung sagt, daß die Aufteilung der Mahlkammer an der Stelle erfolgen muß, an welcher der in der Labor-Trommelmühle festgestellte spezifische Mahlwiderstand sowohl bei der Grob- als bei der Feinmahlung der gleiche ist, d. h. an der Stelle, an der sich die beiden Kennlinien der spezifischen Mahlwiderstände überschneiden. Auf dem Formblatt ist dies bei 78% D 4900 der Fall.

Der Schnittpunkt der beiden s-Kennlinien kann auch ohne Aufzeichnung derselben rechnerisch ermittelt werden, er liegt für beide s-Kennlinien in jedem Falle im gleichen Abstand von der Vertikalen 100% D. Dieser Abstand sei mit a bezeichnet (s. Formblatt 3). Da der s-Wert am Schnittpunkt für beide Hyperbeln gleich groß ist, so ist:

$$s = \frac{k_1}{(y_1 + a)^2} = \frac{k_2}{(y_2 + a)^2} \qquad \text{[s. Formel (10)]}.$$

Nach a aufgelöst ist dann

$$a = \frac{\sqrt{\frac{k_1}{k_2}}\, y_2 - y_1}{1 - \sqrt{\frac{k_1}{k_2}}}. \tag{15}$$

In vorliegendem Beispiel ist $k_1 = 342$, $k_2 = 1560$, $y_1 = 3{,}3$ und $y_2 = 32$. Nach Formel (15) ist dann

$$a = \frac{\sqrt{\frac{342}{1560}} \cdot 32 - 3{,}3}{1 - \sqrt{\frac{342}{1560}}} = 22\,,$$

also der gleiche Wert, wie er sich im Formblatt 3 zeichnerisch als Schnittpunkt 78% D ergab.

An dieser Stelle muß also die Aufteilung der Feinmahlkammer erfolgen. Da der spezifische Arbeitsaufwand (kWh/t) proportional mit dem Zeitdurchlauf des Mahlgutes durch die Mühle steigt, so ist die Kammereinteilung entsprechend dem spezifischen Arbeitsaufwand für Grob- und Feinmahlung zu bemessen. Aus dem Formblatt ist zu ersehen, daß die Grobmahlung vom Anfang bis zum Wert $s_1 = 0{,}535 =$ 9 kWh/t erfordert, während für die Feinmahlung vom Wert $s_2 = 0{,}535$ bis zum Feinheitsgrad 90% D/4900 $22 - 13{,}5 = 8{,}5$ kWh/t nötig sind.

Insgesamt werden also $9 + 8{,}5 = 17{,}5$ kWh/t Arbeitsbedarf für den Durchgang des Mahlgutes durch die 9 m lange Feinmahlkammer erforderlich. Da der Unterschied zwischen 9 und 8,5 kWh/t unbedeutend ist, so kann die Feinmahlkammer in zwei Längen von je 4,5 m aufgeteilt werden, von denen der erste Teil mit großen Mahlkugeln von 50 und 40 mm ∅ und der zweite Teil mit kleinen Kugeln und Cylpebs gefüllt wird. Die einzusetzende Zwischenwand wird mit entsprechenden Lochungen oder Schlitzen versehen und dient nur als Trennwand der Mahlkörperfüllung. Der Füllungsgrad, der in der Feinmahlkammer der Verbund-Rohrmühle 27,5% betrug und auch bei den Versuchsmahlungen in der Labor-Trommelmühle angewendet wurde, bleibt auch für die neue Kammereinteilung bestehen.

Das nach dem Einbau der Zwischenwand zu erwartende Ergebnis errechnet sich wie folgt: Der Leistungsbedarf der Mehrkammer-Rohrmühle beträgt nach wie vor 560 kW. Hiervon entfallen $^1/_4 = 140$ kW auf die Vormahlkammer und $^3/_4 = 420$ kW auf die beiden Feinmahlkammern. Die spezifische Leistung der Feinmahlkammern beträgt für die reine Mahlarbeit 17,5 kWh/t. Setzt man den maschinellen Wirkungsgrad der Mühle mit 87% ein, so sind tatsächlich $17{,}5 : 0{,}87 = 20$ kWh/t für die Feinmahlkammern erforderlich. Die Leistung der Mühle würde dann $420 : 20 = 21$ t/h ergeben. Hierbei ist nun nicht berücksichtigt, daß auch die Vormahlkammer künftig diese Leistung gegenüber der ursprünglichen Leistung von 16,5 t/h durchsetzen müßte. Die Folge davon wäre, daß das in der Vormahlkammer vorgemahlene Gut etwas gröber in die Feinmahlkammern gelangt und daß diese bei gleichbleibendem Leistungsbedarf in ihrer Leistung etwas absinken würden. Dementsprechend würde auch die vorstehend errechnete Gesamtleistung etwas zurückgehen. Bezeichnet man diese zunächst mit x, so würde der theoretisch in der Vormahlkammer mehr aufzuwendende Leistungsbedarf $\frac{140 \cdot x}{16{,}5} - 140$ kW betragen. Diese kW sind dann theoretisch von den Feinmahlkammern aufzubringen, um das aus der Vormahlkammer kommende gröbere Gut auf 90% D 4900 zu mahlen. Da aber in Wirklichkeit die Leistungsbedarfsaufnahme der Feinmahlkammern mit 420 kW bestehenbleibt, so muß hiervon der theoretische Mehrbedarf an kW der Vormahlkammer abgezogen werden. Die hieraus für die Feinmahlkammern entstehende Leistungsbedarfsabnahme ergibt dann, dividiert durch den spezifischen Leistungsbedarf von 20 kWh/t, die tatsächliche Leistung der Mehrkammer-Verbund-Rohrmühle bei 560 kW Leistungsbedarf.

Es ist also:

$$x = \frac{420 - \left(\frac{140 \cdot x}{16{,}5} - 140\right)}{20}, \qquad x = \frac{420 + 140}{20 + \frac{140}{16{,}5}} = 19{,}6\ \text{t/h}.$$

Das Gesamtergebnis vor und nach dem Umbau der Verbund-Rohrmühle in eine Mehrkammer-Rohrmühle ist dann:

	vor dem Umbau	nach dem Umbau
Leistung	16,5 t/h	19,6 t/h
Leistungsbedarf	560 kW	560 kW
Spezifischer Arbeitsbedarf	34	28,6

Die Erhöhung der Leistung beträgt somit 18,8% und die Stromersparnis 5,4 kWh/t. Bei einer Arbeitszeitannahme von 300 Arbeitstagen zu je 22 Arbeitsstunden würde sich die Jahresleistung von 109000 auf 129000 t erhöhen und die Jahresmehrleistung würde 20000 t betragen. Bei einem angenommenen Strompreis von 0,06 DM/kWh ergibt sich eine Jahresersparnis an Strom von $129000 \cdot 5{,}4 \cdot 0{,}06 = 41800$ DM.

Aufgabe 2. Zur Vermahlung von Zementklinkern auf eine Feinheit von 90% D 4900 wird eine Mehrkammer-Rohrmühle für eine Leistung von 20 t/h verlangt. Zur Durchführung von Mahlversuchen werden 150 kg Zementklinker zur Verfügung gestellt. Frage: Welche Abmessungen, Kammereinteilungen und Mahlkörperfüllungen erhält die Mühle und wie hoch ist ihr Leistungsbedarf? Diese Aufgabenstellung entspricht im umgekehrten Sinne der Aufgabe 1, und es wird interessant sein, zu erfahren, ob nach dieser reziproken Rechnungsmethode das gleiche Ergebnis erzielt wird wie bei der Aufgabe 1.

Die Lösung der Aufgabe gestaltet sich wie folgt: Die eingesandten Zementklinker wurden zunächst auf einer Siebkugelmühle auf eine Körnung von 0 bis 4 mm vorgemahlen, wobei sich ein Siebdurchgang von 30% D 4900 ergab. Das vorgemahlene Gut diente dann zur Durchführung eines Grob- und eines Feinmahlversuches auf der Labor-Trommelmühle. Es sei hier angenommen, daß die Versuchsergebnisse die gleichen sind, wie sie für die Lösung der Aufgabe 1 vorgesehen waren und wie sie auf dem Formblatt 3 niedergelegt wurden.

Die Mahlergebnisse zeigten, daß zur Feinmahlung der vorgemahlenen Klinker eine Mehrkammer-Rohrmühle mit einer in zwei gleiche Längen geteilten Feinmahlkammer das beste Ergebnis bringen muß. In dieser Feinmahlkammer sollen 20 t/h auf 90% D 4900 gemahlen werden. Die Abmessungen einer solchen Feinmahlkammer ergeben sich aus der Formel (12), $L_1 = \frac{L}{J\sqrt{D}} J_1 \sqrt{D_1}$. Der Festwert $\frac{L}{J\sqrt{D}}$ errechnet sich dann nach dem Mahlversuch wie folgt: Zur Feinmahlung auf 90% D 4900 ist für die in zwei gleiche Kammerlängen eingeteilte Feinmahlkammer ein spezifischer Arbeitsbedarf von 17,5 kWh/t für die reine Mahlarbeit erforderlich. Da der Leistungsbedarf der Labor-Trommelmühle nur 1,8 kW beträgt und ein spezifischer Arbeitsbedarf von 17,5 kWh/t verlangt wird, so müßte auf der Labor-Trommelmühle $17{,}5 : 1{,}8 = 10\text{ h} = 600$ Minuten gemahlen werden, um 1 t Fertiggut zu erhalten. In 1 h beträgt dann die Leistung der Labor-Trommelmühle $\frac{1}{600} \cdot 60 = 0{,}1$ t. Der Inhalt der Labor-Trommelmühle ist 0,25 m³ und $\sqrt{D} = 0{,}895$. Demnach beträgt der Festwert $\frac{0{,}1}{0{,}25 \cdot 0{,}895} = 0{,}45$. Nach Formel (12) wird $J_1 \sqrt{D_1} = \frac{20}{0{,}45} = 44{,}5$. Da sich diese Rechnung jedoch nur auf die Feinmahlkammer bezieht, die $^3/_4$ des Rauminhaltes der ganzen Mühle betragen soll, so muß der Wert 44,5 um $^1/_3$, also auf 59 erhöht werden. In der Zahlentafel 2 sind die Werte $J_1 \sqrt{D_1}$ für alle in Frage kommenden Mühlenabmessungen niedergelegt. Da man nun bei Mehrkammer-Rohrmühlen das Verhältnis Durchmesser zur Länge etwa 1 : 6 wählt, so würde der errechnete Wert 59 dem Wert 60,2 der

Zahlentafel entsprechen, d. h. es käme eine Mehrkammer-Rohrmühle von 2200 mm Durchmesser und 12000 mm Länge in Frage, deren Vormahlkammer 3000 mm lang ist und deren Feinmahlkammer in zwei Kammerlängen von je 4500 mm zum Grob- und Feinmahlen geteilt ist.

Der Leistungsbedarf der Mehrkammer-Rohrmühle errechnet sich nach Formel (13), $A_1 = \frac{A}{J\sqrt{D}} J_1 \sqrt{D_1}$. Der Festwert $\frac{A}{J\sqrt{D}}$ ist hierbei $\frac{1{,}8}{0{,}25 \cdot 0{,}895} = 8$, und da $J_1 \sqrt{D_1}$ entsprechend Zahlentafel 2 mit 60,2 zugrunde gelegt wurde, so ergibt sich der Leistungsbedarf $A_1 = 8 \cdot 60{,}2 = 482$ kW für die reine Mahlarbeit. Unter Berücksichtigung eines maschinellen Wirkungsgrades von 87% beträgt er dann 482 : 0,87 $\approx$ 560 kW (wie in Aufgabe 1).

Zur Berechnung der Mahlkörpermenge dient die Formel (14), $Q_1 = \frac{Q J_1}{J}$. Hierin bedeutet Q die Mahlkörpermenge der Labor-Trommelmühle = 0,320 t und J den lichten Inhalt derselben = 0,25 m³, während der lichte Inhalt der Mehrkammer-Rohrmühle von 2200 mm Durchmesser und 12000 mm Länge nach Zahlentafel 1 41,52 m^3 beträgt.

Die Mahlkörperfüllung ist dann $Q = \frac{0{,}320 \cdot 41{,}52}{0{,}25} = 53$ t.

Die Lösung der Aufgabe 2 führte somit zum gleichen Ergebnis wie die Lösung der Aufgabe 1, nur im entgegengesetzten Sinne.

Aufgabe 3. Es wird die Frage gestellt, ob es sich lohnen würde, die ursprüngliche Verbund-Rohrmühle anstatt auf eine Mehrkammer-Rohrmühle auf ein Sichter-Mahlaggregat zur Herstellung desselben Normal-Portlandzementes umzubauen. Auch die Lösung dieser Aufgabe kann mit dem Prüfverfahren auf der Labor-Trommelmühle erreicht werden.

Bei einem Umbau der vorhandenen Verbund-Rohrmühle auf ein Sichter-Mahlaggregat wird die Mahltrommel in einen Vormahl- und einen Feinmahlteil aufgeteilt. Das Aufgabegut wird dem Vormahlteil durch den Hohlzapfen der vorderen Kopfwand aufgegeben, wird hier vorgemahlen und verläßt die Mahltrommel etwa auf halber Länge am Umfang. Der Feinmahlteil dient zum Nachmahlen der Sichtergrieße, die durch den Hohlzapfen der hinteren Kopfwand eingeführt werden. Die Sichtergrieße durchwandern diesen Teil der Mühle in entgegengesetzter Richtung zum Gutsdurchgang im Vormahlteil und treten nach erfolgter Nachmahlung an derselben Stelle der Mahltrommel aus, an der auch das vorgemahlene Gut die Mühle verläßt. Sowohl das vorgemahlene Aufgabegut wie auch die Sichtergrieße werden gemeinsam mit einem Becherwerk auf den Windsichter gefördert. Dieser scheidet dann ständig einen Teil des ihm zugeführten Gutes als Fertiggut ab, während die Grieße, wie schon erwähnt, dem Feinmahlteil zur Nachmahlung zufließen, um dann wieder über Becherwerk zum Sichter zu gelangen. Hierdurch entsteht im zweiten Teil des Sichter-Mahlaggregates ein Mahlverfahren im geschlossenen Kreislauf. Werden beispielsweise von dem gemischten Sichter-Aufgabegut ständig 20% als Fertiggut abgeschieden, so entstehen von je 1000 kg Sichter-Aufgabegut 800 kg Sichtergrieße, die nach erfolgter Nachmahlung immer wieder zusammen mit dem vorgemahlenen Aufgabegut dem Sichter zur weiteren Abscheidung von 20% Fertiggut zugeführt werden. Die Umlaufmenge der Sichtergrieße beträgt dann $800 : 0{,}20 = 4000$ kg, entsprechend einem fünffachen Umlauf. Auf den Sichter gelangen also bezogen auf je 1000 kg/h Aufgabegut des Sichter-Mahlaggregates $1000 + 4000 = 5000$ kg/h Mischgut zur Absichtung auf 1000 kg/h Fertiggut und 4000 kg/h abgeschiedene Sichtergrieße.

In der Durchführung des Mahlverfahrens auf dem Sichter-Mahlaggregat sind zahlreiche Varianten möglich, beeinflußt 1. durch die Lage des Mahlgutaustritts aus der Mahltrommel, 2. durch den Feinheitsgrad des im ersten Teil der Mühle vorgemahlenen Aufgabegutes und 3. durch die prozentuale Abscheidung an Fertiggut im Sichter.

Sodann sei noch darauf hingewiesen, daß die übliche Körnungsanalyse oder die spezifische Oberfläche des Fertiggutes keinen Vergleichsmaßstab zwischen dem auf einer Mehrkammer-Rohrmühle und einem Sichter-Mahlaggregat hergestellten Zement bietet. Hier ist allein die Qualitätsprüfung, beispielsweise nach DIN 1164, also die Güte des erzeugten Produktes maßgeblich.

Die Lösung der gestellten Aufgabe gestaltet sich nun wie folgt:

1. Die vorhandene Verbund-Rohrmühle hat eine Mahltrommellänge von 12 m. Bei der Verwendung zum Sichter-Mahlaggregat verkürzt sich die Mahlraumlänge durch den Mahlgutaustritt zwischen Vor- und Feinmahlteil der Mühle um 0,5 auf 11,5 m. Für das vorliegende Beispiel sei die Länge des Vormahlteils mit 6,5 m unter Beibehaltung der 3 m langen Grobmahlkammer am Anfang der Mahltrommel und die Länge des Feinmahlteils mit 5 m angenommen. Der Leistungsbedarf beträgt bei der vorhandenen Verbund-Rohrmühle 560 kW. Bei einem Umbau auf eine Mehrkammer-Rohrmühle mit 11,5 m Mahlraumlänge würde er bei gleichem Mahlkörper-Füllungsgrad 540 kW betragen. Es stehen somit

im Vormahlteil (540 : 11,5) · 6,5 = 305 kW und im Feinmahlteil der Mühle (540 : 11,5) · 5 = 235 kW zur Verfügung.

2. In der Labor-Trommelmühle werden nun in Verbindung mit einem Labor-Windsichter Mahl- und Prüfverfahren nach verschiedenen Varianten durchgeführt. Ohne zunächst auf die Durchführung des Prüfverfahrens hier näher einzugehen, sei einmal angenommen, daß als günstigstes Ergebnis ein auf 70% D 4900 in der Labor-Trommelmühle vorgemahlener und auf 20% abgesichteter Klinker eine Zementqualität ergeben hätte, die dem von der Mehrkammer-Rohrmühle zu erwartenden Normal-Portlandzement von 90% D 4900 entsprechen würde.

3. Ferner sei angenommen, daß die Vormahlung der Klinker auf der Labor-Trommelmühle in derselben Weise wie bei Aufgabe 1 beschrieben durchgeführt worden sei, so daß das Formblatt 3 (Mahlkurve I) seine Gültigkeit behält. Der spezifische Arbeitsbedarf für die Vormahlung des Aufgabegutes auf 70% D 4900 setzt sich dann wie folgt zusammen:

a) In der 3 m langen Grobmahlkammer der vorhandenen Verbund-Rohrmühle entsteht zur Vermahlung der Klinker auf 30% D 4900 ein spezifischer Leistungsbedarf einschl. mechanischer Verlustarbeit von 140 : 16,5 = 8,5 kWh/t.

b) Die Weitervermahlung von 30 auf 70% D 4900 in der Labor-Trommelmühle errechnet sich dann nach der Asymptotengleichung der Mahlkurve I mit 342 : (30 + 3,3) − 4,7 = 5,6 kWh/t und unter Berücksichtigung der maschinellen Verlustarbeit mit 5,6 : 0,87 = 6,5 kWh/t.

Zusammen: 15 kWh/t.

4. Da nun in dem Vormahlteil der Mühle 305 kW zur Verfügung stehen, so beträgt die Leistung der Mehrkammer-Rohrmühle und somit auch des Sichter-Mahlaggregates 305 : 15 = 20,3 t/h.

5. Der Leistungsbedarf der Mehrkammer-Rohrmühle ist nach 1. 540 kW. Rechnet man für Becherwerk und Sichter noch 60 kW hinzu, so beträgt der Leistungsbedarf des gesamten Sichter-Mahlaggregates 600 kW. Der spezifische Arbeitsbedarf der Anlage würde dann sein 600 : 20,3 . . . . = 29,6 kWh/t.

Ein Vergleich der so erhaltenen Werte mit den in Aufgabe 1 errechneten Werten für den Umbau der vorhandenen Verbund-Rohrmühle in eine Mehrkammer-Rohrmühle führt somit zu folgendem Ergebnis:

	Leistung t/h	spez. Arbeitsbedarf kWh/t
Sichter-Mahlaggregat	20,3	29,6
Mehrkammer-Rohrmühle	19,6	28,6
	+ 0,7	+ 1,0

Das Sichter-Mahlaggregat würde hiernach gegenüber der Mehrkammer-Rohrmühle nur die geringe Leistungssteigerung von 0,7 t/h bei einem um 1,0 kWh/t erhöhten spezifischen Arbeitsbedarf aufweisen. Unter diesen Umständen würde sich ein Umbau der vorhandenen Verbund-Rohrmühle in ein Sichter-Mahlaggregat an Stelle eines Umbaues in eine Mehrkammer-Rohrmühle nicht lohnen.

Anders liegen die Verhältnisse, wenn neben dem Normal-Portlandzement auch ein höherwertiger Zement erzeugt werden soll. Als Beispiel sei hier angenommen, daß der auf der Mehrkammer-Rohrmühle auf 2% R 4900 gemahlene Klinker einen höherwertigen Zement von gewünschter Qualität ergibt und daß man aus den verschiedenen Variantenversuchen gefunden hätte, daß mit dem Sichter-Mahlaggregat bei einer Vormahlung auf 75% D 4900 und 15% Absichtung als Fertiggut die gleiche höherwertige Zementqualität erzeugt werden kann. Eine Berechnung im gleichen Sinne, wie sie für das erste Beispiel durchgeführt wurde, führt dann zu folgendem Ergebnis:

	Leistung t/h	spez. Arbeitsbedarf kWh/t
Sichter-Mahlaggregat	17,9	33,5
Mehrkammer-Rohrmühle	14,5	38,7
	+ 3,4	— 5,2

Das Sichter-Mahlaggregat würde demnach gegenüber der Mehrkammer-Rohrmühle eine Leistungssteigerung von 3,4 t/h = 23,4% bei einer spezifischen Arbeitsersparnis von 5,2 kWh/t = 13,4% aufweisen, so daß ein Umbau der vorhandenen Verbund-Rohrmühle selbst gegenüber einem Umbau auf eine Mehrkammer-Rohrmühle einen beachtlichen Vorteil bringen würde. Bei der Herstellung von höchstwertigem Zement würde sich dieser Vorteil noch steigern.

Was nun die bei einem Umbau der vorhandenen Verbund-Rohrmühle auf ein Sichter-Mahlaggregat zu erwartende Qualität des Sichter-Zementes anbelangt, so kann auch diese Bestimmung nach folgendem Prüfverfahren auf der Labor-Trommelmühle in Verbindung mit einem Labor-Windsichter gleichem Arbeitsprinzips wie die großen Sichter durchgeführt werden. Als Beispiel diene hierzu die für das Sichter-Mahlaggregat bereits durchgeführte Leistungsberechnung von 20,3 t/h bei einer Vormahlung des Aufgabegutes auf 70% D 4900 und 20% Absichtung.

1. Auf der Labor-Trommelmühle werden 2 Satz Mahlungen, wie schon im ersten Teil dieser Aufgabe beschrieben, mit je 43 kg Aufgabegut auf 70% D 4900 durchgeführt. Die Mahltrommel wird dann entleert und für die Nachmahlung dieses Aufgabegutes mit Mahlkörpern für die Feinmahlung, Mahlkurve II Formblatt 3, vorbereitet.

2. Im zweiten Teil des Sichter-Mahlaggregates wird das auf 70% D 4900 vorgemahlene Aufgabegut im Kreislaufmahlverfahren weiter gemahlen und zu Fertiggut abgesichtet. Beträgt die Leistung in der Vormahlkammer 20,3 t/h, so werden in der Feinmahlkammer 80% = 16,2 t/h als Umlaufgut nachgemahlen, ganz unabhängig davon, daß die kreisende Umlaufmenge bis auf das Fünffache ansteigt. Für die Nachmahlung stehen im Feinmahlteil 235 kW zur Verfügung, so daß der spezifische Arbeitsaufwand für die Nachmahlung 235 : 16,2 = 14,5 kWh/t beträgt.

3. Um nun für den Prüfversuch auf dem Labor-Windsichter das gleiche Aufgabegut wie bei dem späteren Sichter-Mahlaggregat zu erhalten, werden von dem unter 1. auf 70% D 4900 vorgemahlenen Aufgabegut 43 kg mit einem Arbeitsaufwand von 14,5 kWh/t, abzüglich maschineller Verlustarbeit (— 14,5 · 0,13) = 12,6 kWh/t auf der unter 1. vorbereiteten Labor-Trommelmühle nachgemahlen, ohne Rücksicht auf den hierbei entstehenden Feinheitsgrad. Nach Formblatt 3 beträgt die Mahldauer bei 42 kWh/t = 60 Minuten, demnach bei 12,6 kWh/t = (60 : 42) · 12,6 = 18 Minuten. Das vorgemahlene Gut wird also 18 Minuten nachgemahlen, um dann als Aufgabegut für den Labor-Windsichter zu dienen.

4. Das tatsächliche Aufgabegut für den Labor-Windsichter setzt sich wie bei dem späteren Sichter-Mahlaggregat zusammen aus 1 Teil auf 70% D 4900 in der Labor-Trommelmühle vorgemahlenem Aufgabegut und 4 Teilen des in der Labor-Trommelmühle nachgemahlenen Gutes, also beispielsweise aus 10 kg vorgemahlenem und 40 kg nachgemahlenem Gut, zusammen 50 kg Sichter-Aufgabegut, gut durchgemischt.

5. Auf dem Labor-Windsichter werden dann von diesen 50 kg Aufgabegut 20% als Fertiggut abgesichtet, und mit diesem Fertiggut wird dann im Laboratorium die Qualitätsprüfung durchgeführt, deren Ergebnis die mit dem Sichter-Mahlaggregat zu erwartende Gütebeschaffenheit des erzeugten Zementes wiedergibt.

Die vorliegenden Ausführungen sollen keineswegs eine allgemeine Kritik über die Anwendung eines Sichter-Mahlaggregates in sich schließen, sondern sie sollen lediglich als ein Beispiel zur Lösung derartiger Fragestellungen dienen.

Aufgabe 4. In einem Werk der Verfahrenstechnik wird eine Rohrmühle zur Vermahlung eines chemisch erzeugten Stoffes von 0 bis 2 mm Körnung auf eine Oberflächenfeinheit von 400 m^3/kg verlangt. Die Leistung der Mühle soll 2 t/h betragen und die Mahlung soll vollkommen eisenfrei erfolgen. Gleichzeitig wird verlangt, zu erfahren, welche Leistungen bei geringeren Oberflächenfeinheiten zu erwarten sind.

Für diesen Fall kommt nur eine Rohrmühle mit Silexauskleidung und Flintsteinmahlkörpern in Frage. Auf der Labor-Trommelmühle wurde ein Mahlversuch mit dem eingesandten Material durchgeführt. Die Labor-Trommelmühle hatte wieder einen Rauminhalt von 0,25 m^3 und wurde mit 40% des Rauminhaltes mit Flintsteinen gefüllt. Bei einem Schüttgewicht von 1600 kg/m^3 war die Flintsteinmenge $0{,}25 \cdot 0{,}40 \cdot 1600 = 160$ kg. Da das spezifische Gewicht der Flintsteine 2,5 beträgt, so entstand zwischen den 160 kg Mahlkörpern ein Hohlraum von $\frac{0{,}25 \cdot 0{,}40 \cdot 2500 - 160}{2500} = 0{,}036$ m^3.

Das Schüttgewicht des Mahlgutes wurde bei fortschreitender Mahlung im Mittel mit 1,1 angenommen, so daß sich eine Mahlgutfüllung von $0{,}036 \cdot 1{,}1 = 0{,}040$ t $= 40$ kg zur Ausfüllung des Hohlraumes ergibt. Aus der Drehmomentmessung errechnete sich der Arbeitsaufwand der Labor-Trommelmühle mit 0,96 kW für die reine Mahlarbeit. Eine Mahlgutfüllung von 1 t würde dann einem Leistungsbedarf von $\frac{0{,}96 \cdot 1}{0{,}04} = 24$ kW entsprechen, und der spezifische Arbeitsbedarf in einer Zeit von $z = 60$ Minuten würde dann 24 kWh/t betragen. Demnach erreicht der Zeitmaßstab auf dem Formblatt bei 60 Minuten Mahldauer den Wert 24 kWh/t.

Auf Abb. 8 ist ein Teil des üblichen Formblattes wiedergegeben. Der Zeitmaßstab ist wie errechnet eingetragen. Alle 30 Minuten wurde auf der Labor-Trommelmühle eine Mahlprobe entnommen und die Oberflächenfeinheit bestimmt. Die sich hieraus ergebenen Punkte der Mahlkurve wurden in das Formblatt eingetragen. Nach den Formeln (7) bis (9) wurden dann die Werte x und y und die Konstante k der Asymptotengleichung, wie im Formblatt vermerkt, berechnet. Hieraus ergaben sich dann die Werte für den mittleren spezifischen Mahlwiderstand s_m, und aus der Multiplikation dieser Werte mit dem jeweiligen Oberflächenwert O erhält man dann die kWh/t-Werte, wie sie in das Formblatt eingetragen sind. Hiernach konnte dann auch die kWh/t-Kennlinie vervollständigt werden.

Nach Fertigstellung des Formblattes wurde die erforderliche Rohrmühlengröße für die verlangte Leistung L_1 von 2 t/h bei einer spezifischen Oberfläche von 400 m³/kg bestimmt. Nach Formel (12) ist $L_1 = \frac{L}{J\sqrt{D}} \times$

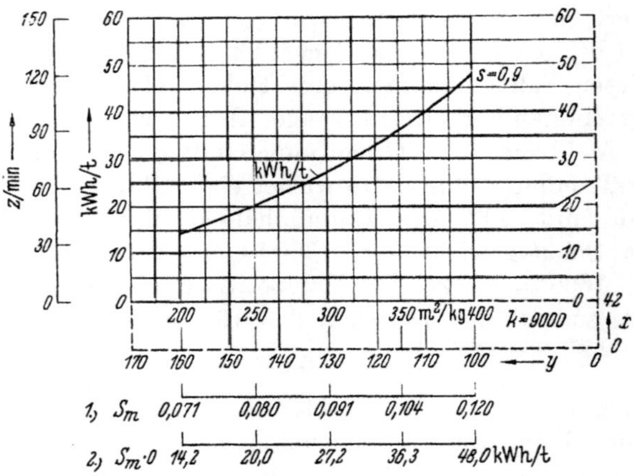

Abb. 8

$J_1 \sqrt{D_1}$. Wie aus dem Formblatt, Abb. 8, hervorgeht, benötigt die Labor-Trommelmühle, bei einer Mahlgutfüllung von 0,040 t, 2 Stunden Mahldauer, um auf die verlangte Oberflächenfeinheit zu kommen. Ihre Leistung L beträgt somit 0,020 t/h. Da der Inhalt J der Labor-Trommelmühle 0,25 m³ und $\sqrt{D} = 0{,}895$ ist, so ergibt sich der Festwert $\frac{L}{J\sqrt{D}}$ mit $\frac{0{,}020}{0{,}25 \cdot 0{,}898} = 0{,}09$. Nach Formel (12) wird dann, da die Leistung $L_1 = 2$ t/h sein soll, $J_1 \sqrt{D_1} = \frac{2}{0{,}09} = 22{,}2$, so daß hiernach die Mahltrommelgröße nach Zahlentafel 2 bestimmt werden kann. Allerdings muß der Wert von 22,2 noch um 5% erhöht werden, da es sich hier um eine Mühle mit Silexauspanzerung handelt (vgl. Bemerkung Zahlentafel 2), also $22{,}2 + 22{,}2 \cdot 0{,}05 = 23{,}3$. Nach Zahlentafel 2 entspricht dieser Wert sowohl einer Mühle von 1800 mm Durchmesser mal 8000 mm

Länge wie auch einer Mühle von 2000 mm Durchmesser und 6000 mm Länge. Mit Rücksicht auf die hohe Feinmahlung wird die längere Mühle, also von 1800 mm Durchmesser und 8000 mm Länge, gewählt.

Der spezifische Leistungsbedarf für die reine Mahlarbeit ist bei der großen Mühle der gleiche wie bei der Labor-Trommelmühle, bei der er nach dem Formblatt 48 kWh/t beträgt. Demnach ergibt sich der Leistungsbedarf der großen Mühle mit $2 \cdot 48 = 96$ kW. Nimmt man wieder den maschinellen Wirkungsgrad mit 87% an, so würde der Leistungsbedarf der Rohrmühle von 1800 mm Durchmesser und 8000 mm Länge $96 : 0{,}87 = 110$ kW sein.

Die zu erwartenden Leistungen der Flintstein-Rohrmühle bei den verschiedenen Oberflächenfeinheiten ergeben sich aus der Formel

$$L_1 = \frac{A_1}{s_m \cdot O}. \tag{16}$$

Nach Zahlenreihe 2, Abb. 8, sind die Werte $s_m\,O$ für die verschiedenen Oberflächenfeinheiten hier nochmals wiedergegeben:

O (m²/kg) =	200	250	300	350	400,
$s_m\,O$ =	14,2	20,0	27,2	36,3	48.

Diese Werte beziehen sich auf die reine Mahlarbeit, die bei der Rohrmühle 96 kW beträgt. Hiernach ergeben sich dann die folgenden Leistungen $L_1 = \frac{96}{s_m\,O}$ bei den verschiedenen O:

O =	200	250	300	350	400	m²/kg,
L_1 =	6,7	4,8	3,5	2,6	2	t/h.

Der spezifische Arbeitsbedarf kWh/t beträgt dann bei dem Leistungsbedarf der Rohrmühle von 110 kW:

O =	200	250	300	350	400	m²/kg,
A_{spez} =	16,5	23	31,5	42,5	55	kWh/t.

Weitere Aufgaben. Bei den im Betrieb befindlichen Mühlen wird es oftmals lohnend sein, festzustellen, ob die Drehzahl der Mahltrommel und auch der Füllungsgrad mit Mahlkörpern zur Erreichung der höchsten spezifischen Leistung richtig gewählt ist. Auf diese vielseitigen Untersuchungen nach dem beschriebenen Prüfverfahren soll hier im einzelnen nicht eingegangen werden. Sie lassen sich für alle in Frage kommenden Fälle in gleicher Weise wie die vorstehend behandelten Beispiele durchführen. Auch die Prüfung, ob und welche Einbauten gegebenenfalls Vorteile bringen, kann in gleichem Sinne vorgenommen werden. Immer wieder lassen sich die über die Drehmomentmessung der Labor-Trommelmühle ermittelten Werte der reinen Mahlarbeit auf die großen Kugel- und Rohrmühlen übertragen.

Die wenigen aufgeführten Beispiele der Nutzanwendung des hier behandelten Prüfverfahrens geben einen Einblick in die Mannigfaltigkeit der Aufgaben, wie sie in den verschiedenen Industriezweigen, sei es im Gebiet der Steine und Erden, sei es in der Erz- und Kohleaufbereitung, in der chemischen Industrie und vielen anderen in Erscheinung treten. Überall laufen zahlreiche Kugel- und Rohrmühlen. Die Beantwortung der Frage aber, ob diese Energieverschleuderer stets auf ihre höchste Wirtschaftlichkeit eingestellt sind, möge dem Leser dieser Broschüre vorbehalten bleiben.

Zahlentafel 1. J_1-*Werte, Formel* (14).

In dieser Zahlentafel beziehen sich die J_1-Werte auf den lichten Inhalt der Mahltrommel mit 50-mm-Stahl- oder Hartguß-Auspanzerung. Bei der Wahl einer Mühle mit Silex-Auspanzerung sind die sich aus Formel (14) ergebenden Werte J_1 um 6% zu erhöhen, bevor die Abmessung der Mahltrommel gewählt wird.

Mahltrommel-Durchmesser mm / Mahltrommel-Länge mm	1200	1400	1600	1800	2000	2200	2400	2600	2800	3000	3200
3000	2,85	3,99	5,31	6,81	8,52	10,38	12,45	14,73	17,19	19,83	22,65
4000	3,80	5,32	7,08	9,08	11,36	13,84	16,60	19,64	22,92	26,44	30,20
5000	4,75	6,65	8,85	11,35	14,20	17,30	20,75	24,55	28,65	33,05	37,75
6000	5,70	7,98	10,62	13,62	17,04	20,76	24,90	29,46	34,38	39,66	45,30
7000	6,65	9,31	12,39	15,89	19,88	24,22	29,05	34,37	40,11	46,27	52,85
8000	7,60	10,64	14,16	18,16	22,72	27,68	33,20	39,28	45,84	52,88	60,40
9000	8,55	11,97	15,93	20,43	25,56	31,14	37,35	44,19	51,57	59,49	67,95
10000	9,50	13,30	17,70	22,70	28,40	34,60	41,50	49,10	57,30	66,10	75,50
11000	10,45	14,63	19,47	24,97	31,24	38,06	45,65	54,01	63,03	72,71	83,05
12000	11,40	15,96	21,24	27,24	34,08	41,52	49,80	58,92	68,76	79,32	90,60
13000	12,35	17,29	23,01	29,51	36,92	44,98	53,95	63,83	74,49	85,93	98,15
14000	13,30	18,62	24,78	31,78	39,76	48,44	58,10	68,74	80,22	92,54	105,70
15000	14,25	19,95	26,55	34,05	42,60	51,90	62,25	73,65	85,95	99,15	113,25
16000	15,20	21,28	28,32	36,32	45,44	55,36	66,40	78,56	91,68	105,76	120,80

Zahlentafel 2. $J_1\sqrt{D_1}$-*Werte, Formel* (12) *und* (13).

In dieser Zahlentafel beziehen sich die $J_1\sqrt{D_1}$-Werte auf den lichten Inhalt der Mahltrommel mit 50-mm-Stahl- oder Hartguß-Auspanzerung.
Bei der Wahl einer Mühle mit Silexauspanzerung sind die sich aus den Formeln (12) und (13) ergebenden Werte $J_1\sqrt{D_1}$ um 5% zu erhöhen, bevor die Abmessung der Mahltrommel gewählt wird.

Mahltrommel-Durchmesser mm / Mahltrommel-Länge mm	1200	1400	1600	1800	2000	2200	2400	2600	2800	3000	3200
3000	3,0	4,5	6,5	8,9	11,8	15,1	18,9	23,3	28,2	33,7	39,9
4000	4,0	6,1	8,6	11,8	15,7	20,1	25,2	31,0	37,6	45,0	53,2
5000	5,0	7,6	10,8	14,8	19,6	25,1	31,6	38,8	47,0	56,2	66,5
6000	6,0	9,1	13,0	17,7	23,5	30,1	37,9	46,6	56,4	67,4	79,7
7000	7,0	10,6	15,1	20,7	27,4	35,1	44,2	54,3	65,8	78,7	93,0
8000	8,0	12,2	17,3	23,6	31,4	40,1	50,5	62,1	75,2	89,9	106,3
9000	9,0	13,7	19,4	26,6	35,3	45,2	56,8	69,8	84,6	101,2	119,6
10000	10,0	15,2	21,6	29,5	39,2	50,2	63,1	77,6	94,0	112,4	132,9
11000	11,0	16,7	23,8	32,5	43,1	55,2	69,4	85,4	103,4	123,6	146,2
12000	12,0	18,2	25,9	35,4	47,0	60,2	75,7	93,1	112,8	134,9	159,5
13000	13,0	19,8	28,1	38,4	51,0	65,3	82,0	100,9	122,2	146,1	172,8
14000	14,0	21,3	30,2	41,3	54,9	70,3	88,3	108,6	131,6	157,4	186,1
15000	15,0	22,8	32,4	44,3	58,8	75,3	94,7	116,4	141,0	168,6	199,4
16000	16,0	24,3	34,6	47,2	62,7	80,3	101,0	124,1	150,4	179,8	212,6

Nachwort.

Als zur Zeit der Jahrhundertwende die kontinuierlich arbeitende Rohrmühle ihren Einzug in die Industrie hielt, war man über die Arbeitsweise dieser Mahlmaschine noch völlig im unklaren. Erst die im Abschnitt Einleitung angeführten Versuche von Professor FISCHER auf einer Labor-Trommelmühle brachten die Aufklärung hierüber. Seitdem sind 50 Jahre vergangen und wir stehen heute noch immer vor derselben Aufgabe, wenn auch in anderem Sinne. Das große Verdienst Professor FISCHERS lag darin, nachzuweisen, daß der günstigste mahltechnische Arbeitsvorgang in der Labor-Trommelmühle in Abhängigkeit von der Drehzahl der Mühle steht und daß diese Bezugsform für alle Mühlendurchmesser ihre Gültigkeit behält. Auf dieser Grundlage sind in den vergangenen Jahrzehnten zahllose Prüfversuche auf Labor-Trommelmühlen ausgeführt und auf die großen kontinuierlich arbeitenden Mühlen mit bestem Erfolg übertragen worden. Wenn hierbei meistens ein Korrekturfaktor in Betracht gezogen wurde, so bezog sich dieser lediglich auf die Verschiedenartigkeit der maschinellen Verlustarbeit der großen Mühlen gegenüber den verwendeten Labor-Trommelmühlen. Bei dem in dieser Broschüre behandelten Prüfverfahren wird grundsätzlich auf einen solchen Korrekturfaktor verzichtet, da es sich hier um die Prüfung und die Übertragung der reinen mahltechnischen Arbeit handelt. Erst wenn diese erfolgt ist, wird je nach der Art der großen in Betracht kommenden Mühle ein entsprechender Prozentsatz an maschineller Verlustarbeit in Rechnung gestellt.

Ich bin der festen Überzeugung, daß der Begriff „spezifischer Mahlwiderstand" künftig eine stärkere Beachtung finden wird, als es bisher der Fall war. Seine Gleichartigkeit mit der ähnlichen Formel der Wärmelehre sollte noch besonders hierzu beitragen.

In zahlreichen Mahlversuchen auf der Labor-Trommelmühle ist nachgewiesen worden, daß die Mahlkurve, mag sie sich auf einen Siebdurchgang oder auf die spezifische Oberfläche beziehen, einen hyperbolischen Verlauf nimmt. Gerade diese Tatsache gibt dem Begriff des spezifischen Mahlwiderstandes eine besondere Bedeutung. Überschreitet der spezifische Mahlwiderstand den Wert 1, so ist es an der Zeit, für eine günstigere Mahlarbeit zu sorgen, um den Hauptzweck all dieser Prüfarbeiten zu erreichen, nämlich die Verbesserung der wirtschaftlichen Seite derartiger Mahlanlagen. Welche außerordentliche Bedeutung gerade dieser Frage zukommt, möchte ich an einem Beispiel beleuchten, das wohl einzigartig in seiner Auswirkung war.

In einer Besprechung mit der I. G. Farbenindustrie A. G. klagten die Herren über die schlechte Mahlleistung der auf dem Leunawerk bei Merseburg befindlichen 6 Rohrmühlen zum Mahlen von Öl-Kohlebrei für die synthetische Herstellung von Treibstoff. Ich versprach den Herren, mich dieser Sache einmal anzunehmen und fuhr zum Leunawerk. Nach der Besichtigung der Anlage bat ich die dortigen Herren, mir 2 Faß Öl und eine entsprechende Menge Braunkohle zwecks Durchführung von Mahlversuchen auf einer Labor-Trommelmühle zur Verfügung zu stellen. Die Versuche wurden durchgeführt und das Ergebnis war überraschend. Es konnte eindeutig festgestellt werden, daß ein entsprechender, allerdings sehr gründlicher Umbau der vorhandenen Mühlen eine Leistungssteigerung auf das 2- bis $2^1/_2$fache ergeben müßte. Die Herren vom Leunawerk überzeugten sich dann selbst von der Richtigkeit der Versuchsdurchführung und bestellten sofort den Umbau einer Mühle. Als dies geschehen war, leistete die Mühle ohne Schwierigkeiten reichlich das Doppelte. Sofort wurden die übrigen 5 Mühlen umgebaut, und anschließend daran bestellte das Leunawerk eine größere Mühle nach dieser Bauart für eine Leistung, die etwa der Leistung der ursprünglichen 6 Mühlen zusammen entsprach. Als dann im Jahre 1933 andere Verhältnisse eintraten und überall Hydrierwerke nach dem I. G.-Verfahren zur Herstellung von synthetischem Treibstoff errichtet werden mußten, wurden sämtliche Öl-Kohlebrei-Mahlanlagen für diese Werke mit Verbund-Rohrmühlen nach der im Leunawerk erprobten Bauweise ausgerüstet. — Und dies alles hatte die

Labor-Trommelmühle

fertiggebracht!

Aber auch bei der Beschaffung von Neuanlagen ist es erstaunlich, mit welcher Unsicherheit der Käufer oftmals belastet wird, wenn er sich nach den eingegangenen Angeboten zu einer Bestellung entschließen muß. Hier ist vielleicht ein Hinweis auf die Arbeit von Wilhelm Anselm: Zerkleinerungstechnik und Staub, VDI-Verlag, Düsseldorf, interessant, in welcher als Beispiel angeführt wird, daß sich bei einem Wettbewerb im Jahre 1949 zwischen 11 inländischen und ausländischen bekannten Firmen um die Lieferung einer Verbund-Rohrmühle zum Mahlen von 15 t/h Schachtofenklinker die Angaben über den Arbeitsbedarf der angebotenen Mühle von 368 bis 590 kW und die Mahlkörperfüllungen von 35 bis 58 t bewegten! Kommentar überflüssig.

Durch die Verwendung einer Labor-Trommelmühle mit Drehmomentmessung ist es möglich, bei Probemahlungen die reine Mahlarbeit ohne elektrische und maschinelle Verlustarbeit zu bestimmen. Die Prüfergebnisse lassen sich dann sinngemäß und einwandfrei auf die großen Kugel- und Rohrmühlen übertragen. Hiermit wird mit geringem Kosten- und Zeitaufwand die Möglichkeit geschaffen, sowohl im Betrieb befindliche Mühlen auf die höchste Leistungsfähigkeit einzustellen, als auch bei Lieferung von neuen Maschinen die zweckmäßigste Bauart zu wählen und die zu erwartenden Leistungen im voraus zu bestimmen. Darüber hinaus wird durch diese Untersuchungen auch ein erweiterter Einblick in die Mahlvorgänge dieser Mahlmaschinen bewirkt und es wäre durchaus möglich und vielleicht auch von vielen Kreisen erwünscht, in dieser Weise zu einem allgemein anerkannten Prüfverfahren von Kugel- und Rohrmühlen zu kommen. Hierbei handelt es sich wohlverstanden nicht um die Schaffung von Vergleichswerten der Mahlbarkeit verschiedener Materialien, sondern hier geht es in erster Linie um die Frage: Was kann ich aus den in meinem Betrieb befindlichen Maschinen herausholen — denn hier geht es um Mark und Pfennige — und wie kann ich die üblen Wettbewerbskämpfe bei Neubestellungen auf ein erträgliches Maß von Treu und Glauben bringen.

Meine vorliegende Arbeit hat nichts mit wissenschaftlicher Forschung zu tun. Sie entstand lediglich aus der Praxis für die Praxis. Solange uns keine besseren Mahlmethoden beschieden werden, als wir sie mit den ungeheuren Energieverschleuderern, den Kugel- und Rohrmühlen, in Kauf nehmen müssen, so lange wird die

Labor-Trommelmühle

stets ein willkommener Helfer in der Not sein.

Carl Mittag.

Schrifttum.

[1] 1917 HELBIG, A. B.: Zerkleinerungsarbeit. Z. Zement Bd. 6 Nr. 37—41.

[2] 1921 NASKE, C.: Zerkleinerungsvorrichtungen und Mahlanlagen, 3. Aufl.

[3] 1925 MITTAG, C.: Der spezifische Mahlwiderstand. VDI-Verlag, Berlin.

[4] 1928 — Der Arbeitsvorgang in Rohrmühlen. Zement-Verlag GmbH., Berlin-Charlottenburg.

[5] 1936 SMEKAL, A.: Zerkleinerungsphysik. VDI-Beiheft Verfahrenstechnik Nr. 2.

[6] 1936 HOENIG, F.: Grundsätze der Zerkleinerung. VDI-Forsch.-Heft 378.

[7] 1937 SMEKAL, A.: Theoretische Grundlagen der Hartzerkleinerung. VDI-Beiheft Verfahrenstechnik Nr. 1.

[8] 1937 MITTAG, C.: Beobachtung und Untersuchung von Zerkleinerungsvorgängen in der Praxis. VDI-Beiheft Verfahrenstechnik Nr. 1.

[9] 1937 SMEKAL, A.: Physikalisches und technisches Arbeitsgesetz der Zerkleinerung. VDI-Beiheft Verfahrenstechnik Nr. 5.

[10] 1937 ANDREASEN, A. H. M.: Zur Kenntnis des Zerkleinerungsvorganges. Kolloid-Z. Heft 2.

[11] 1944 MITTAG, C.: Wo bleibt die Verlustarbeit bei der maschinellen Zerkleinerung. VDI-Beiheft Verfahrenstechnik Nr. 1.

[12] 1948 — Leistungsbedarfsmessung an Hartzerkleinerungsmaschinen. Arch. techn. Messen V 8215 — 6. August.

[13] 1949 QUITTKAT, G.: Erkenntnisse bei der Feinmahlung. Erzmetall Bd. II.

[14] 1949 ANSELM, W.: Zerkleinerungstechnik und Staub. VDI-Verlag, Düsseldorf.

[15] 1949 KÜHL, H.: Zerkleinerungsprobleme der Zementindustrie. Tonind.-Ztg. Heft 3/4 und 5/6.

[16] 1950 SCHMID, A.: Für die Feinmahlung von Zement geeignete Mühlen. Zement-Kalk-Gips Heft 6.

[17] 1950 ANSELM, W.: Verbundmühle oder Sichtermühle bei der Zementvermahlung. Tonind.-Ztg. Heft 1/2.

[18] 1952 GÖTTE, A.: Fragen der Hartzerkleinerung. Zement-Kalk-Gips Heft 12.

[19] 1952 KIESSKALT, S.: Neue Erkenntnisse über Kornverteilungsnetze und Oberflächentafeln. Z. VDI Bd. 94 Nr. 35.

[20] 1952 SURMANN, W.: Wirtschaftliche Feinmahlung in der Zementindustrie. Zement-Kalk-Gips Heft 7.

[21] 1952 BÖRNER, H.: Sichtermühle oder Verbundmühle. Zement-Kalk-Gips Heft 8.

[22] 1952 LOVELAND, R. A.: Relation of Ball Load to Clinker Charge in Grinding Mills. Rock Prod. Oktober-Heft.

[*23*] 1952 PEARSON, B. M.: Fine Grinding in Tube Mills. Rock Prod. Dezember-Heft.

[*24*] 1953 The Remarkable Case of the Copperhill Ball Mill. Engng. Min. J. September-Heft.

[*25*] 1953 ANSELM, W.: Oberflächenerzeugung und Arbeitsaufwand. Zement-Kalk-Gips Heft 1.

[*26*] 1953 SMEKAL, A.: Zur Physik des spröden Stoffverhaltens. Radex-Rdsch. Heft 4/5.

[*27*] 1953 MITTAG, C.: Die Hartzerkleinerung. Springer-Verlag, Berlin W 35.

[*28*] 1954 HÜTTIG, G. F.: Wissenschaftliche Probleme der Zerkleinerung von Kalk. Zement-Kalk-Gips, Tagungsnummer April, Bauverlag Wiesbaden.

[*29*] 1954 KIESSKALT, S.: Bewertungsfragen der Feinzerkleinerung. Chemie-Ingenieur-Technik 1954 Nr. 1.

[*30*] 1954 LUEBKE, R. E.: Clinker-Grinding in Ball Mills. Allis Chalmers Mfg. Co.

[*31*] 1954 ENGELS, K.: Arbeitsweise der Kugelmühlen für Feinstzerkleinerung. Metall Heft 3/4.

[*32*] 1954 LABAN, O.: Ratgeber für Zementingenieure. Bauverlag GmbH., Wiesbaden.

[*33*] 1954 SLEGTEN, J., und P. BRÜSSEL: Kugelmühlen-Probleme. Zement-Kalk-Gips Heft 6 und 8.

[*34*] 1954 KRAUS, F.: Über die Arbeitsweise von Sichtermühlen. Zement-Kalk-Gips Heft 7.

GPSR Compliance

The European Union's (EU) General Product Safety Regulation (GPSR) is a set of rules that requires consumer products to be safe and our obligations to ensure this.

If you have any concerns about our products, you can contact us on ProductSafety@springernature.com

In case Publisher is established outside the EU, the EU authorized representative is:

Springer Nature Customer Service Center GmbH
Europaplatz 3
69115 Heidelberg, Germany

Batch number: 10682323

Printed by Printforce, the Netherlands